Hans-Philip Nebelung

Wer nutzt das Internet wo - Förderung oder Aufhebung regionaler Disparitäten?

GRIN Verlag

Bibliografische Information der Deutschen Nationalbibliothek:

Die Deutsche Bibliothek verzeichnet diese Publikation in der Deutschen Nationalbibliografie; detaillierte bibliografische Daten sind im Internet über http://dnb.d-nb.de/ abrufbar.

Impressum:

Druck und Bindung: Books on Demand GmbH, Norderstedt Germany
ISBN: 978-3-640-81237-0

Dieses Buch bei GRIN:

http://www.grin.com/de/e-book/119845/wer-nutzt-das-internet-wo-foerderung-oder-aufhebung-regionaler-disparitaeten

Philipps-Universität Marburg
Fachbereich 19
Institut für Geographie
Oberseminar: Internetgeographien

Sommersemester 2008

Wer nutzt das Internet wo?

Das INTERNET – Förderung oder Aufhebung regionaler Disparitäten?

Verfasst von:

Nebelung, Hans-Phillip
L3, 6. Semester
Sport, Geographie

Abgabetermin: 22.04.2008

Gliederung

1. Einleitung

Das Internet ist eines der zentralsten Medien in unserer heutigen Gesellschaft. Egal, ob es nur das simple verschicken einer E-Mail ist oder die Suche nach einem Schnäppchen bei Ebay, über das Internet ist in der heutigen schnelllebigen Zeit nahezu alles möglich. „Internetnutzung bleibt hoch - 41,3 Millionen Menschen online“ – so lautete die Überschrift eines Artikels im Internet – Newsticker der „Welt“. Eine beachtliche Zahl, für das vierte Quartal im Jahr 2007, wie ich finde, wenn man bedenkt, dass in Deutschland ca. 82,5 Mio. Menschen leben.

> „Kein anderes Medium hat sich so dynamisch entwickelt wie das Internet. Im Jahr 1993, zur „Geburtsstunde“ des World-Wide-Webs [...], konnte sich noch niemand vorstellen, wie das Internet die Gesellschaft verändern würde. Mit 500 Websites fing es an, 2007 liegt die Zahl der registrierten Domains bei über 45 Millionen.“ (Eimeren, 2007, S. 362)

Dieses ständig wachsende Medium biete dem Nutzer eine riesige Flut an Informationen und lockt daher auch immer mehr Menschen an. Gibt man beispielsweise bei der Suchmaschine „Google“ das Wort Geographie ein, so erhält man innerhalb von 0,16 Sekunden ungefähr 10.800.000 Ergebnisse. Dadurch wird schon sehr deutlich, was sich hinter dem Begriff „Internet“ für eine riesige Masse an gesammelten Daten verbirgt. Durch das Internet ist es möglich mit anderen, völlig unbekannten Menschen in Kontakt zu treten, die sich an einem ganz anderen Punkt auf der Erde befinden. Doch wie funktioniert das eigentlich und ist es für alle Menschen möglich das Internet zu nutzen bzw. wer bedient sich dieser Möglichkeiten wofür? Gerade durch diese Übertragung von Daten in Sekundenschnelle erscheinen die Standorte der Einzelpersonen als zweitrangig. Dadurch bin ich auch zu meiner Fragestellung gelangt: Das INTERNET – Förderung oder Aufhebung regionaler Disparitäten? Mit Förderung sind die Gründe gemeint, die dazu führen, dass die Schere zwischen Arm und Reich weiter auseinander geht. Die Aufhebung hingegen beschreibt Aspekte, die für einen Abbau der regionalen Disparitäten, mittels des Internets, sprechen.

Dabei stellt sich auch die Frage, ob es zum sogenannten „Digital Divide“ und/oder zum „Death of Distance“ kommt.

Im Folgenden werde ich daher erst die Voraussetzungen beschreiben, die nötig sind um das Medium Internet zu nutzen. Dabei soll vor allen Dingen die Technische Ebene im Vordergrund stehen. Im Hauptteil werde ich als erstes die Nutzerraten weltweit darstellen. Besonders möchte ich dabei auf Förderung bzw. die Aufhebung der vorherrschenden Strukturen, durch das Internet, eingehen. Im Anschluss daran geht es um die Internetnutzung in Deutschland. Darauf baut auch der letzte Punkt auf. Hier werde ich die Entwicklung des Breitbandmarktes, speziell in Deutschland, aufzeigen, um abschließend ein Fazit ziehen zu können.

2. Nutzungsbedingungen

Das Internet ermöglicht den weltweiten Austausch von Daten. Um jedoch auf diese Informationen zugreifen zu können, ist ein komplexes Netzwerk von Rechnern notwendig. Weiterhin sind, neben den Betreibern dieser Strukturen, auch die Anbieter der Materialien unabdingbar. Für große Unternehmen unausweichlich, wird für kleinere Firmen oder auch Einzelpersonen das Internet zu einer Plattform, auf der man sich der Öffentlichkeit präsentieren kann. Durch das enorme Wachstum der Internet-Branche kam es zu einem gezielten und raschen Ausbau der Telekommunikationsinfrastruktur in Deutschland. Im Anhang ist auf der Abbildung 1 gut zu erkennen, dass besonders die wirtschaftlichen Zentren mit leistungsfähigen Verbindungen ausgestattet sind. „Die für den technischen Betrieb des Internets erforderlichen Internet-Protocol (IP)-Adressen werden ebenfalls gruppenweise an Internet Service Provider (ISP) vergeben...“. (Langhagen- Rohrbach, 2004, S. 59) Diese IP- Adressen sind wichtig für die Kommunikation im Netz. Jeder Sender und Empfänger von Daten wird, zur eindeutigen Identifikation, mit einer solchen Kennung ausgestattet. Diese IP´s werden von den Internet Service Providern vergeben. Weiterhin haben diese Internetdienstanbieter die Funktion des Datentransfers zwischen den jeweiligen IP- Adressen. Die einfachste Form stellt dabei die Übertragung über Netzwerkkabel dar. Andere Möglichkeiten der Informationsübertragung bieten Wähl- oder Standleitungen, die Funktechnik und die Breitbandzugänge.

Des Weiteren benötigt jeder Anbieter eine eigene Internet-Adresse. Als Domain werden die Namen der jeweiligen Internetseite bezeichnet. Diese Namen werden durch das Domain Name System (DNS) gebildet. Im Anhang (Abb. 2) ist ein Teil dieser Gliederung zu finden. Die einzelnen Stufen werden dabei immer durch einen Punkt voneinander getrennt. Als Ausgangspunkt bildet der Root, die sogenannte Stammdomäne. „Die Stammdomäne verwendet die Bezeichnung "Null" und wird durch einen einzelnen Punkt (.) angegeben. In den USA werden mehrere Stammdomänen-Namenserver durch die Internet Assigned Names Authority (IANA) verwaltet.“ (http://www.microsoft.com) Den Abschluss einer jeden Domain und damit die höchste Hierarchiestufe des DNS bildet das sogenannten „Top Level Domain“. Dadurch wird eine thematische oder geographische

Eingrenzung der Domain vorgenommen. Jeder dieser Namen wird in Network Information Centern gespeichert. Diese sorgen dafür, dass keine Namen doppelt vergeben werden. Das **DENIC** (**DE**utsches **N**etwork **I**nformation **C**enter) verwaltet beispielsweise alle „de" Adressen. Mit Second Level Domain wird der Teil, der direkt vor dem Top Level Domian steht, bezeichnet. Hier findet man meist die Produktbeschreibung oder den Name des Betreibers der Internetseite. (Bsp.: www.uni-marburg.de Betreiber: Philipps – Universität Marburg) Das „www", „dev" oder „support" vor dem Namen hingegen, wird als Microsoft – Domäne bezeichnet und gleichzeitig auch von Microsoft verwaltet.

„Die vorhandenen Datenleitungen, die von den ISP verwendeten IP- Adressen und die Domain-Namen weisen in hoch verdichteten Regionen hohe Konzentrationen auf und können als die Angebotsseite des Internets verstanden werden." (Langhagen- Rohrbach, 2004, S. 59) Sie bilden allerdings auch die Voraussetzungen für die Nutzung des Internets. (vgl. http://www.gk-informatik.de und http://www.microsoft.com)

3. Internetnutzung

In diesem Abschnitt werde ich auf die Verteilung, sowie auf die Zusammensetzung der Nutzer, eingehen. Die Nutzung des Internets soll dabei vor dem Hintergrund betrachtet werden, ob dieses neue Medium zur Aufhebung bestehender Ungleichheiten beiträgt, oder ob die derzeitigen Strukturen durch das Internet weiter verfestigt werden.

3.1 Regionale Disparitäten weltweit

Im Jahre 1982 zählten zum Internet 315 Computer. Damit wird deutlich, wie gering die Entwicklung des Medium bis zu dieser Zeit war. Mit mehr als 2,8 Milliarden IP- Adressen sieht das heute schon ganz anders aus. (vgl. Heidmann & Pradkin, 2007, S. 1)

Die Verteilung der Internetnutzer ist global sehr unterschiedlich. Das hängt von vielen verschiedenen Faktoren ab. Die Hauptfaktoren sind dabei der Entwicklungsstand des Landes und geographische Lage des Ortes. Diese heterogene Verteilung ist sehr gut in der Abbildung 3 zu erkennen. Die Farbe der Länder zeigt die Internetnutzer pro 100 Einwohner, während die Kugeln die absolute Anzahl der User und deren Entwicklungsdynamik von 1998 bis 2003 darstellen. Dabei wird die Kluft zwischen den Industrie- und Entwicklungsländern deutlich. 94% der ca. 160 Mio. registrierten Domains, der Erde, sind in den reichen Ländern angesiedelt. In Afrika findet man beispielsweise nur 0.002%. Die USA hingegen weist einen Anteil von 73,2% auf. Auch die Abbildungen 4 und 5 verdeutlichen die Unterschiede zwischen den einzelnen Ländern. Hier werden zum einen die Festnetzanschlüsse gezeigt und zum anderen die Mobilfunkanschlüsse. Allerdings ist zu sagen, dass es in einigen Ländern der Dritten Welt die Mobilfunkanschlüsse höher sind als die Festnetzanschlüsse. Das hängt hauptsächlich mit dem erhöhten Kostenvolumen für die Festnetzanschlüsse zusammen. Ein Beispiel hierfür wäre Südafrika. Dennoch sind die Zahlen der Anschlüsse weiterhin sehr gering im Vergleich zu den führenden Industrienationen. (vgl. Rauh, 2006, S. 7)

In diesem Zusammenhang wird in vielen Fachzeitschriften oder Fachbüchern vom sogenannten „Digital Divide“ gesprochen. Erbert (2007) beschreibt das beispielsweise als digitale Spaltung. Diese digitale Kluft, von der oft gesprochen wird, kann mehrere Gründe haben. Zum einen ist das der unterschiedliche Zugang zum Medium Internet, zwischen reichen und armen Ländern. Viele Menschen in Entwicklungsländern besitzen beispielsweise gar nicht die Möglichkeit ins Internet zu gehen. Dort müssen oft erst die technischen Voraussetzungen geschaffen werden. Diese sind jedoch sehr teuer, und da in den Ländern der Dritten Welt die finanziellen Mittel sehr knapp bemessen sind, ist man hier auf die Entwicklungshilfe anderer Staaten angewiesen. Für diese Menschen ist das tägliche Leben bzw. das Überleben wichtiger, als ein möglichst schneller Internetanschluss. Eine weitere Frage, die immer wieder aufkommt, ist nach dem „Death of Distance". Nach dieser These verschwinden die physischen Grenzen zwischen den einzelnen Staaten, durch neuen Informations- und Kommunikationstechnologien. Dadurch würde sich beispielsweise auch das bestehende Siedlungssystem ändern und die „Face to Face" Kontakte würden durch mediale Kommunikation ersetzt werden. Eine Aktion, die in diesem Bereich der Förderung tätig ist, nennt sich DSF (Digitaler Solidaritätsfonds).

> „Die Aufgabe des neuen Digitalen Solidaritätsfonds besteht in der Förderung und Finanzierung von Aufbauprojekten, die dazu geeignet sind, den benachteiligten Populationen eine Chance zu geben, den Übergang in das Zeitalter der Informationsgesellschaft zu geben." (Rauh, 2006, S. 11)

Doch nicht nur die finanziellen Voraussetzungen sind ein Grund für die Unterentwicklung der Internetnutzung in den ärmeren Ländern. „Denn neben technischen, ökonomischen und rechtlichen Ressourcen sind es auch kulturelle, soziale und qualifikatorische Voraussetzungen, die erfüllt sein müssen, um IuK- Technologien sinnvoll verwenden zu können." (Rauh, 2006, S. 10) Mit IuK- Technologien sind in diesem Fall die neuen Informations- und Kommunikationstechniken gemeint. Ein schlechter Entwicklungsstand des Landes, ein geringer Bildungsstand und das niedrige Einkommen der Bevölkerung sind weitere Indikatoren für eine geringe Verbreitung von Internetnutzern. Die Abbildung 6 zeigt hierzu den Entwicklungsstand der Staaten. Weiterhin wird in der Abbildung 7 das Bruttonationaleinkommen gezeigt. Ein wichtiger Grund ist dabei auch die Sprache. Die meisten Internetseiten wurden in englischsprachigen Ländern erstellt. Somit ist auch verständlich, dass die Länder mit einer hohen Analphabetenrate, oder allgemein mit einer geringen Schulbildung, große Probleme schon allein bei der Bedienung eines PCs oder dem Öffnen einer Internetseite haben werden. Somit wird für große Teile der Dritte-Welt-Länder das Internet ein unerforschtes Phänomen bleiben, wie dies durch die Analphabetenrate aus der Abbildung 8 ersichtlich wird. Vergleicht man daher die Abbildungen 3, 4 und 5 mit den Karten 6, 7 und 8, dann wird dieser Zusammenhang sehr deutlich. Ein weiterer Beweis dafür, dass die Anzahl der Internetnutzer sehr stark vom Einkommen abhängt, wird in der Tabelle in der Abbildung 9 deutlich.

Zusammenfassend kann man sagen, dass die Nutzung der sogenannten „Neuen Medien“ nicht nur vom Vorhandensein eines Computers oder eines Festnetzanschlusses abhängt. Entscheidend für den Einzelnen ist es, ob die Informationen verständlich sind und ob der Internetnutzer sie verwenden kann. Die Grafik in Abbildung 10 verdeutlicht das noch einmal.

3.1.1 Gründe für die Aufhebung regionaler Disparitäten

Die Internetnutzung bringt viele Vorteile mit sich. Zum einen ist das Internet ein zuverlässiges und relativ günstiges neues Medium. Man kann heute nahezu überall auf der Erde e-Mails abrufen oder Bankgeschäfte tätigen. Dazu ist nur ein einfacher PC mit einem Internetanschluss oder ein internetfähiges Handy nötig. Dadurch spielt auch die Verlagerung von Arbeitsplätzen in die Entwicklungsländer eine bedeutende Rolle. Ist ein Standort in einem Entwicklungsland beispielweise mit einer ausreichenden technischen Infrastruktur ausgestattet, dann kommen auch wieder andere Standortfaktoren (z. B.: geringe Produktions- und Lebenshaltungskosten) mehr zur Geltung. Zusammen mit der Möglichkeit des elektronischen Handels über das weltweite Netz, steigt auch die Wettbewerbsfähigkeit der einzelnen Länder. So können die Länder der Dritten Welt beispielsweise mit den großen Industrienationen in Kontakt treten und ihre Geschäfte abwickeln. Diese wirtschaftlichen Gesichtspunkte stellen das Internet auf eine gute Grundlage. Somit ist es auch für kleinere Firmen und Unternehmen leichter sich auf dem internationalen Markt zu präsentieren und an Kunden zu gewinnen. Hinzu kommt, dass die Nutzung des Internets positiv für die Bildung einer eigenen Meinung ist. Das ist besonders für die Länder wichtig, die sich von vorhandenen politischen Strukturen lösen wollen. Diktatorische Formationen können dadurch aufgebrochen werden und es kann sich eine demokratische Regierungsform bilden. (Dietz, 2001, S.53)

3.1.2 Gründe für die Förderung regionaler Disparitäten

Trotz der Vorzüge des Internets gibt es auch Gefahren, die mit der Nutzungserweiterung zusammenhängen. Die größte Angst liegt darin begründet, dass die Schere zwischen Arm und Reich immer weiter auseinandergehen kann. Viele Länder, denen das Geld für eine gut ausgebaute Infrastruktur im Bereich Telekommunikation fehlt, werden bei der gesamten Entwicklung auf der Strecke bleiben. Somit werden nur die Länder aus dem technischen Fortschritt ihre Vorteile ziehen können, die schon am Weitetesten entwickelt sind. Weiterhin besteht die Gefahr der staatlichen Zensur. Durch Nutzer - Registrierung werden, beispielsweise in China und Kuba, Kritiker der Regierung mundtot gemacht. Dadurch werden die alten, eingefahrenen Strukturen nicht aufgebrochen, sonder bleiben bestehen oder werden weiter verfestigt. Als letzten Punkt beschreibt Dietz, dass das Internet von den Industriestaaten errichtet wurde und daher auch sehr stark unter deren Einfluss steht.

> "Entsprechend groß ist die Gefahr, dass die Wertvorstellungen des Nordens einseitig in die Länder der Südens transferiert werden. Die Dominanz der europäischen bzw. US-amerikanischen und der englischen Sprache im Internet führt zur Überdeckung anderer Kulturen und Sprachen und zum Verlust des indigen Wissens in den Entwicklungsländern." (Panos Institute, 1995, S. 48; zit. nach Dietz, 2001, S. 53)

Weiterhin ist es nicht nur notwendig, dass die entsprechende technische Infrastruktur vorhanden ist, sondern auch bestimmte Kenntnisse, im Umgang mit PC und Internet erworben werden müssen. Diese sogenannten „E – Skills“ sind jedoch in den meisten Entwicklungsländern nur sehr gering verbreitet.

> „Die wichtigste Quelle sind Hilfestellungen aus dem Freundes-, Kollegen- oder Verwandtenkreis: Drei Viertel (75%) der Personen, die im ersten Quartal 2005 entweder den Computer oder das Internet nutzten, haben sich mit Hilfe anderer ihre Kenntnisse erworben. 60% eigneten sich die Fertigkeiten selbstständig an durch „Learning by Doing“. Erst mit einigem Abstand folgt der Wissenserwerb im eher institutionellen Rahmen, sei es in der Ausbildung oder der beruflichen Weiterbildung oder durch private Kurse [...]. 27% ziehen weitere Medien, wie Bücher, CD-ROMs und Ähnliche, heran.“ (Kahle, 2006, S. 729)

Durch diese Ergebnisse, aus einer Befragung des Statistischen Bundesamtes 2005, zeigt sich, dass es für die Menschen aus den Ländern der Dritten Welt besonders schwierig ist, einen Zugang zu den neuen Medien zu finden. Denn viele wissen nicht wie sie an Informationen kommen sollen. Das hängt damit zusammen, dass man Freunde und Verwandte nicht befragen kann und aufgrund der sprachlichen Barriere sich kaum Wissen selbst aneignen kann.

3.1.3 Zwischenreflexion

Wenn man die Punkte 3.1.1 und 3.1.2 betrachtet, stellt man fest, dass es einige Aspekte gibt, die man einerseits als Förderung, andererseits aber auch als Aufhebung für die regionalen Disparitäten sehen kann. Gibt es beispielsweise einen Investor, der nur auf seinen eigenen Profit bedacht ist, dann wird es in dem Land vielleicht überall Internetanschlüsse geben, doch niemand kann es sich noch leisten diese zu nutzen. Daher ist es wichtig, dass die Länder der Dritten Welt das Handwerkszeug bekommen, gleichzeitig jedoch lernen sie sich selbst zu helfen, wenn beispielsweise Probleme auftreten. Dafür ist es allerdings auch wichtig, dass die Entwicklungsländer auf den richtigen Weg gebracht werden. Staatliche Kontrollen seitens der Regierung oder andere Sanktionen dürfen daher dem Informationsfluss aus dem Internet nicht im Weg stehen.
Somit kann man sagen, dass der „Digital Divide" eintritt und es nicht zum „Death of Distance" kommt.

3.2 Internetnutzung in Deutschland

Auch auf der nationalen Ebene gibt es regionale Disparitäten zwischen den verschiedenen Standorten. Wie in der Einleitung schon angesprochen, sind im vierten Quartal des Jahres 2007 ca. 41,3 Mio. Menschen in Deutschland online. "Das sind 63,7 Prozent der Bevölkerung über 14 Jahren und damit in etwa so viele wie im vorangegangenen Drei-Monats-Zeitraum, in dem erstmals über 40 Millionen Onliner registriert wurden." (http://newsticker.welt.de) Vergleicht man diese Zahl mit denen der Jahre 2000 (ca. 21,8%) und 2001 (ca. 35%) dann stellt man fest, dass die Wachstumsrate der Internetnutzer in den letzten Jahren sehr hoch war. Die Abbildung 11 zeigt hierzu sehr gut die Verteilung der Domains in Deutschland. Vergleicht man diese Abbildung mit Karte Nummer 1, dann stellt man fest, dass die Internetnutzung sehr stark mit der Telekommunikationsinfrastruktur im Zusammenhang steht. Auffällig ist dabei, dass besonders in den Wirtschaftlichen Zentren wie beispielsweise Frankfurt, München, Stuttgart, Hamburg, Berlin und dem Ruhrgebiet, der technische Ausbau sehr weit fortgeschritten ist. Mit diesem technischen Fortschritt steigt, meiner Meinung nach, auch die Abhängigkeit von den neuen Medien, wie beispielsweise dem Internet. Mit jeder Neuheit auf dem Technologiemarkt wachsen somit auch gleichzeitig die Erwartungen an die Wirtschaftszentren. (vgl. Langhagen- Rohrbach, 2002, S. 37)

Die Entwicklung der Internetnutzung hat, laut Eimeren und Frees (2007), in Deutschland zwei Phasen durchlaufen. „In der ersten Phase nutzte eine junge, gut gebildete Infoelite das Netz, um sich schnell und komfortabel aus einem riesigen Informationspool zu bedienen und um über E-Mail miteinander in Kontakt zu treten." (Eimeren, 2007, S. 362) Die nächste Phase zeichnet sich dadurch aus, dass auch andere Bevölkerungsgruppen den Weg zu diesem Medium gefunden haben. Dabei erfreuten sich besonders Themen, wie Onlineshopping oder Onlinebanking, großer Beliebtheit. Des Weiteren wird das Internet als virtuelle Realität benutzt. Dabei bauen sich immer mehr Menschen ihre eigene Welt auf. Viele der Spiele, die im Internet mit oder gegen Andere gespielt werden, lassen den Anschein erwecken, dass man das wirkliche Leben nicht mehr braucht oder das man Dinge aus dem Cyberspace mit in die Wirklichkeit übernehmen kann. Besonders bei Kindern können dadurch falsche Realitätswahrnehmungen entstehen.

Daher hat sich nicht nur das Angebot im Internet verändert, sondern die Breite der User. Um herauszufinden, wie sich die Zahl und die Struktur der Internetnutzer verändert haben, führten Medienforscher von ARD und ZDF 1997 zum ersten Mal eine Studie über Onliner bzw. Offliner in Deutschland durch. Die Daten hierzu sind im Anhang unter Abbildung 12 zu finden. Bei der ersten Umfrage lag der relative Anteil der gelegentlichen Onlinenutzung bei 6,5%. Das waren 4,1 Mio. Menschen. In den folgenden zwei Jahren haben sich diese Zahlen mehr als verdoppelt. Während im Jahr 1998 eine Zuwachsrate von 61% zu verzeichnen war, stieg die absolute Zahl der Onlinenutzer 1999 auf 11,2 Mio. Menschen. Etwas abweichend von den eingangs genannten Werten lagen die relativen Zahlen für die Jahre 2000 und 2001 in dieser Hochrechnung bei 28,6% bzw. 38,8%. Dabei zeigt sich, dass diese Hochrechnungen keinen Anspruch auf Genauigkeit legen können. Dennoch sind die Abweichungen mit 6,8% bzw. 3,8% relativ gering, sodass man, meiner Meinung nach, auf jeden Fall von aussagekräftigen Ergebnissen sprechen kann. In den beiden folgenden Jahren wird der relative Anteil der Internetnutzer mit 44,1% und 53,5% angegeben. Eine weitere Quelle nennt für die Jahre 2002 bzw. 2003 die Werte 49% und 54% (vgl. http://www.eds-destatis.de). Auch hier zeigt sich wieder eine relative Übereinstimmung der beiden Quellen. Ähnlich sieht das bei den Daten für 2004 und 2005 aus. Laut der ARD/ZDF-Online Studien waren in diesen Jahren 35,7 Mio. bzw. 37,5 Mio. Menschen online. Das würde 55,3% und 57,9% entsprechen. Der (N)ONLINER Atlas hingegen veröffentlichte Zahlen von 53% (für 2004) und 55% (für 2005). (http://www.initiatived21.de) Die Zuwachsrate für 2006 lag, laut ARD/ZDF-Online Studie, lediglich bei 3% gegenüber dem Vorjahr. Das bedeutet, dass 38,6 Mio. Menschen in diesem Jahr das Internet genutzt haben. Im letzten vorliegenden Jahr stieg die Zahl der Internetnutzer auf 40,8 Mio. User an. Damit waren, laut der Hochrechnungen, 62,7% der deutschen Bevölkerung im Jahr 2007 online. Diese Zahl ergibt sich aus den insgesamt 2 618 Befragten. Diese wurden zufallsgesteuert ausgewählt. Mit 1 822 Personen wurde ein vollständiges Online- bzw. Offlineinterview durchgeführt. „Entsprechend gehen in die Ergebnisse 1 142 Interviews mit Onlinern und 680 Interviews mit Offlinern ein." (Eimeren, 2007, S. 363) Bei dieser Erhebung ging jedoch nicht nur die Internetnutzung in die Auswertung mit ein. Die Befragung wurde auch nach Alter und Geschlecht differenziert.

3.2.1 Sozialgefüge

Wie im vorherigen Abschnitt schon beschrieben, gibt es auch innerhalb Deutschlands regionale Disparitäten bei der Internetnutzung. Die Abbildungen 13, 14 und 15 zeigen hierzu sehr gut wie die Anzahl der Domains von Region zu Region unterschiedlich ist. Auffällig ist dabei, dass besonders die neuen Bundesländer geringe Nutzungsraten aufweisen. Die Altmark weißt beispielsweise im Durchschnitt 30 Domains je 1 000 Einwohner auf. Das entspricht einem absoluten Wert von 5 690 Domains in der gesamten Raumordnungsregion. Etwa doppelt so hoch ist Anzahl in Nordthüringen. Mit 12 684 Domains haben in dieser Region jedoch durchschnittlich 1 000 Personen nur 37 Domains. Dem Gegenüber stehen Agglomerationen wie München oder Hamburg. Diese Städte weisen Spitzenwerte von 200 bzw. 190 Domains pro 1 000 Einwohner auf. Die absoluten Zahlen liegen hier bei 408 599 und 267 929 Domains. Ausnahmen in diesem Strukturmuster bilden jedoch die Gebiete Berlin und Leipzig. Auch hier ist eine relativ hohe Nutzungsdichte vorzufinden. Vergleicht man nun die Abbildungen 15, 16 und 17 mit der Karte der Abbildung 1, so stellt man fest, dass die Regionen mit einer besonders guten technischen Infrastruktur auch die höchsten Nutzungswerte aufweisen. Dabei stellt sich nun die Frage, ob der gute Ausbau der Technik als Grundlage für die hohe Nutzungsdichte steht oder ob es andersherum ist. Langenhagen- Rohrbach geht davon aus: „..., dass das eine das andere beeinflusst, so dass ein sich selbst verstärkender Prozess in Gang gesetzt wird." (2004, S. 71) Somit kann man schließen, dass der Erweiterung der Telekommunikationsinfrastruktur in den Städten nichts im Wege steht. Dadurch wird das vorhandene Städtesystem weiter verfestig, denn besonders in den bestehenden Zentren kommt es zu einer sehr hohen Nutzungsintensität. Dadurch trägt das Internet nicht zur Aufhebung regionaler Disparitäten bei, sondern tritt eher als Förderer des Ungleichgewichts auf. Nähere Ausführungen zu dem Thema Internetnutzung in den Städten und auf dem Land folgen im Gliederungspunkt 3.2.2.

Ein weiterer Untersuchungspunkt, nach dem man die Internetnutzer betrachten kann, ist das Geschlecht. Auch in dieser Kategorie zeigt sich ein deutlicher Unterschied. Aus der Abbildung 16 lässt sich hierzu der prozentuale Anteil der Internetnutzer ablesen, während Nummer 17 die Daten der Hochrechnung in Mio. darstellt. Dieser Teil der

ARD/ZDF – Online – Studien beginnt ebenfalls im Jahr 1997. Hier waren 10% der männlichen und 3,3% der weiblichen Bevölkerung online. In den folgenden Jahren stiegen diese Zahlen unterschiedlich stark an. Im Jahr 2000 waren schon mehr als 1/3 der männlichen Bevölkerung (36,6%) online. Dem gegenüber standen 21,3% der weiblichen Bevölkerung. Diese Zahl wurde bis 2003 mehr als verdoppelt (45,2%). Der User-Anteil der maskulinen Bevölkerung lag zu diesem Zeitpunkt schon bei 62,6%. Damit waren in diesem Jahr 19,2 Mio. Männer und 15,1 Mio. Frauen online. Bis 2006 sind diese Werte weiter um 1,8 bzw. 2,6 Mio. Menschen gestiegen. Im letzten Jahr der Erhebung (2007) waren dann 21,5 Mio. Männer und 19,3 Mio. Frauen im Internet aktiv. Damit ergaben sich die relativen Werte von 68,9% bzw. 56,9%.

Diese Zahlen verteilen sich jedoch unterschiedlich stark auf die verschiedenen Altersgruppen. Auch hier zeigt sich das Wachstum dieser Branche. Es sind nicht mehr nur die jungen gebildeten Männer, die das Internet nutzen um sich Informationen zu beschaffen oder auszutauschen. Im Jahr 1997 waren die Altersgruppen 20-29 und 30-39 Jahre sehr stark vertreten. Mit 1,3 bzw. 1,4 Mio. Internet – Usern haben sie den Großteil der Nutzer ausgemacht. Der Anteil in den Bevölkerungsgruppen lag hier bei 13% und 12,4%. Drei Jahre später waren die Hauptnutzergruppen immer noch die Gleichen. Schaut man sich jedoch die prozentualen Anteile in den verschiedenen Gruppen an, so stellt man fest, dass die Gruppe der 14-19 jährigen den zweitgrößten Nutzeranteil (48,5%) aufweist. Ab dem Jahr 2003 gilt dann die These, dass mit zunehmendem Alter die Internetnutzung abnimmt. Dabei ist ein ständiges Wachstum in allen Altersklassen zu beobachten. Einzig die Altersklasse der 14-19 jährigen zeigt eine Stagnation bzw. einen leichten Rückgang von 2006 auf 2007. Das liegt daran, dass diese Altersklasse einen enormen prozentualen Anteil aufweist und dadurch auch kaum noch Wachstumspotential bereitstellt. Des Weiteren weißt diese Altersklasse eine vergleichsweise geringe absolute Anzahl an Personen (4,9 Mio.) auf. Das hängt zum einen mit den geringen Geburtenraten der letzten Jahre zusammen. Zum anderen umfasst diese Altersklasse nur 6 Jahre. Die anderen Klassen umschließen dagegen 10 und mehr Jahre. Daher eignen sich, aus meiner Sicht, auch nur relativen Zahlen als Vergleichsnorm. Denn vergleicht man die Werte der jüngsten Altersklasse mit denen der Gruppe 60 Jahre und älter, dann verdeutlichen die beiden Tabellen unterschiedliche Aussagen. Die Tabelle mit den Hochrechnungswerten zeigt, dass mehr Ältere als

Jüngere das Internet nutzen. Diese Auskunft ist soweit richtig, jedoch verrät die Tabelle mit den Bevölkerungsanteilen, dass die Altersklasse ab 60 Jahren das weit aus größere Nutzerpotential aufweist. Dort wird es, meiner Meinung nach, die größten Veränderungen in den nächsten Jahren geben. Ein Hauptgrund dafür ist, dass die heutigen Internetnutzer immer älter werden und auch im höheren Alter noch die Vorteile des Cyberspace für sich nutzen werden.

Die Abbildung 18 fasst das Ganze nochmals zusammen. Zum einen wird hier der Unterschied zwischen den Geschlechtern deutlich und zum anderen sieht man bei den männlichen Befragten die Nutzerabnahme mit zunehmendem Alter. Bei den Frauen hingegen ist die höchste relative Nutzerzahl in der Altersklasse von 30-49 Jahren zu verzeichnen. Das finde ich sehr erstaunlich. Die einzig logische Erklärung liegt für mich darin, dass die Frauen die Karriere machen wollen, sich in diesem Alter befinden. Denn für jemanden, der beispielsweise in der Wirtschaftsbranche tätig ist, ist das Internet unumgänglich.

Dennoch weisen die verschiedenen Altersklassen auch unterschiedliche Anwendungsmuster auf. Während die unter 30 jährigen alle Facetten des Internets nutzen, sind die Älteren (ab 60 jährigen) hauptsächlich zum Versenden und Empfangen von E-Mails, zum Nutzen von Suchmaschinen und um zielgerichtet bestimmte Angebote zu suchen im Internet. Dieser Punkt wurde in der ARD/ZDF – Online – Studie untersucht. Dabei wurde ein Vergleich zwischen der Altersgruppe 14- 19 Jahre und denen ab 60 Jahren gemacht. Hierbei hat man die Probanden nach der Ausstattung ihres Computers befragt. Die Befragung hat gezeigt, dass die jüngere Altersklasse die deutlich bessere Hardware besitzt. Die Details zu dieser Erhebung sind im Anhang unter Abbildung 19 zu finden. Weitere Tabellen hierzu sind in den Abbildungen 20 und 21 zu finden. Durch die Abbildung 20 wird deutlich, warum jüngere Menschen das Internet nutzen. Die Hauptmotive für die 14- 29 jährigen sind Informationen zu bekommen und Spaß zu haben. Das spiegelt sich auch in den folgenden Untersuchungsergebnissen wieder. Die Bandbreite der Anwendungen der jüngeren Befragten reicht von E- Mails versenden und Suchmaschinen Nutzung, bis hin zum chatten oder „einfach so im Internet surfen“. Dabei entdecken auch immer mehr Jugendliche durch das Cyberspace eine neue Realität für sich.

Als Fazit zum Bereich der Altersunterschiede der Internetnutzer würde ich das Internet wieder als Förderung regionaler Disparitäten ansehen. Denn gerade in den ländlichen Regionen im Osten Deutschlands zieht es die jungen und potentiellen Internetnutzer vom Land in die Stadt. Ich denke, dass gerade durch diese Tatsache die regionalen Ungleichheiten weiter verfestigt werden.

Einen weiteren Unterscheidungspunkt bei der Internetnutzung zeigt Langhagen-Rohrbach im Punkto Bildungsstand auf. „Allgemein kann also festgehalten werden, dass das Internet nicht mehr nur von „jungen Studenten“ genutzt wird.“ (Langhagen- Rohrbach, 2004, S.65) Die Abbildung 22 zeigt den Anteil der Befragten mit ein und demselben Abschluss (dunkle Säulen). Weiterhin sind die Internetnutzer (gepunktete Säulen), die Intender (gestreifte Säulen) und die Nicht-Nutzer (weiße Säulen), je nach Abschluss dargestellt. „Als dritte Gruppe wurden die sog. *Intender*, also die Personen ausgegliedert, die planen, das Internet in den nächsten 12 Monaten zu nutzen.“ (Langhagen- Rohrbach, 2004, S.62) Die Grafik zeigt deutlich, dass die Hauptschüler ohne und mit Lehre einen deutlich überproportionalen Wert an Nicht-Nutzern aufweisen. Bei den Hauptschülern ohne Lehre liegt der Wert beispielsweise bei 81,4%. Die Befragten, die weiterführende Schule ohne Abitur besucht haben, offenbaren einen großen Teil an Usern und Intendern. Die Personen mit einer Hochschulreife oder einem abgeschlossenem Studium erreichen noch bessere Werte. Bei diesen Probanden liegen die Werte der Internetnutzung bei 71,5% bzw. 67,7%. Nur bei den befragten Schülern liegt die relative Anzahl der Onliner mit 73,9% noch etwas höher.

Dadurch zeigt sich, dass auch die Schulbildung ein Indikator für die Internetnutzung ist. Ich würde die Bildung als einen Punkt sehen, der nicht eindeutig zur Förderung oder zur Aufhebung von regionalen Disparitäten beiträgt. Als Grund für die Aufhebung der Ungleichheiten steht, dass in Deutschland jeder das Recht auf Bildung besitzt. Das bedeutet, jeder Mensch darf das Gymnasium besuchen, wenn die schulischen Leistungen stimmen. Andererseits müssen auch die finanziellen Mittel da sein, um die Voraussetzungen für die Internetnutzung zu schaffen. Dadurch, dass Personen mit Abitur schon frühzeitig mit dem Internet in Verbindung gekommen sind zieht sich das auch meist weiter bis in das Erwachsenenalter. Dem gegenüber haben Auszubildende, die sich in der Woche auf Montage befinden, kaum Zeit oder auch Interesse sich der

Internetnutzung zuzuwenden. Dadurch entsteht zwischen den verschiedenen Bildungsniveaus eine digitale Kluft.

3.2.2 Internetnutzung in den Städten und auf dem Land

Wie schon in den vorhergehenden Ausführungen deutlich geworden ist, liegt die Internetnutzung in den Städten höher als im ländlichen Raum. Die Abbildung 1 zeigt hierzu den Ausbau der Telekommunikationsinfrastruktur in Deutschland. Dabei wird ersichtlich, dass besonders in den wirtschaftlichen Kerngebieten der Ausbau sehr weit vorangeschritten ist. Auch die Abbildung 15 verdeutlicht nochmals das Gefälle zwischen Zentrum und Peripherie. Das bedeutet, dass sich die großen Agglomerationen von den ländlich geprägten Räumen abheben. Besonders die kleineren Orte (bis 5 000 Einwohner) weisen mit ca. 54% einen hohen Anteil an Nicht-Nutzern auf. Betrachtet man die Grafik weiter, so kann man sagen, dass die Internetnutzung mit der Einwohnerzahl steigt. Im Jahr 2002 hatte Frankfurt am Main die höchste Nutzerdichte in Deutschland, mit 53%. Dahinter waren mit jeweils 51% Dresden und Stuttgart zu finden. Langhagen-Rohrbach bezeichnet Frankfurt a. M. als die „Internet- Hauptstadt" (2004, S. 73), daher war es keine Überraschung diese Stadt dort zu finden. Bemerkenswert finde ich es, denn auch eine Stadt aus den neuen Bundesländern diese Statistik mit anführt. Die Erklärung führt Langhagen- Rohrbach auf die vorhandene Wirtschaftsstruktur und die Technische Universität zurück. Die Zentrierung der Nutzer auf verschiedene große Städte wird auch der Abbildung 14 nochmals deutlich. Hier sieht man, wie sich beispielsweise die Gebiete der Mecklenburgischen Seenplatte und der Altmark von der Region Köln – Bonn abheben. Besonders wird dabei die Ungleichverteilung zwischen Ost und West deutlich, jedoch lässt sich auch ein leichtes Nord – Süd Gefälle dieser Graphik entnehmen.

Dieses Bild spiegelt sich aber nicht nur auf nationaler Ebene wieder. Auch in Europa ist es ähnliches. Besonders die Skandinavischen Länder weisen eine hohe Netzdichte auf. Die Abbildung 23 zeigt hierzu das entsprechende Ergebnis einer Erhebung von Gebauer und Luley (2007). Hier wurde die Rate der Internetanschlüsse, im Haushalt, nach Einwohnerdichte untersucht. Deutschland befindet sich laut dieser Umfrageergebnisse auf dem vierten Rang. Dabei zeigen die Balken, dass die Disparitäten zwischen den eher ländlichen Räumen – mit weniger als 100 Einwohnern/km^2 – gegenüber den Städtischen Siedlungen vergleichsweise gering sind. Der EU 25 – Durchschnitt hingegen zeigt, dass die Nutzerraten bei Einwohnerzahlen unter 100 Personen/km^2 eindeutig hinter den dichter besiedelter Gebiete liegen. Dadurch zeigt sich eine deutliche Ungleichverteilung innerhalb der EU – Länder. Somit ist das Internet, meiner Meinung nach, als Förderer von regionalen Disparitäten zu betrachten. Jedoch sind die Auswirkungen auf nationaler Ebene – in Deutschland – nicht so stark, wie EU weit. (vgl. Gebauer & Luley, 2006, S. 14-15)

Im globalen Vergleich zeigt sich jedoch, dass es auch andere Staaten gibt, die schon wesentlich weiter fortgeschritten sind. In Städten der USA oder Asiens beispielsweise, wurden im Jahr 2001 schon Nutzerraten von 70% und mehr ermittelt. (vgl. Langhagen-Rohrbach, 2004, S. 73)

Ein weiterer Fakt, der unter diesem Gliederungspunkt betrachtet werden muss, ist die Möglichkeit des Online – Shoppings. Gudrun Tegeder schreibt dazu: „Nach aktuellen Untersuchungen kauft inzwischen mehr als ein Fünftel der 14- bis 69-jährigen regelmäßig im Internet; insgesamt kauften rund 20 Mio. der deutschen Bevölkerung in den letzten 12 Monaten mindestens einmal Online ein.“ (2004, S. 111) Somit erleidet der städtische Einzelhandel große Verluste, während die Nutzerzahlen beim Online – Shopping weiter steigen. Wie im Punkt 3.2.1 schon beschrieben, haben nicht alle Bevölkerungsschichten gleichmäßigen Anteil an der Internetnutzung. Dadurch spekuliert Tegeder darauf, dass der Anteil der Online – Shoppeer bei ca. 60 % stagniert. Das würde bedeuten, die Möglichkeit des Online – Shoppings verfestigt die regionalen Disparitäten weiter. Andererseits wird diese These durch das folgende Argument wiederlegt: „Mit dem Älterwerden der Nutzer wächst das Internet gewissermaßen in die älteren Altersgruppen hinein.“ (Tegeder, 2004, S. 112) Das würde bedeuten, dass Nutzerzahlen des Online – Shoppings nur noch sehr langsam ansteigen würden. Damit wäre, meiner Meinung nach, auch die These wiederlegt, die im Anfangsstadium des Online – Shoppings aufkam. Hier prognostizierten die Experten nur zwei Entwicklungsmöglichkeiten – entweder setzt sich das Online – Shopping durch, oder der städtische Einzelhandel gewinnt. Doch wie auch die Abbildungen 24 und 25 zeigen, läuft beides momentan eher parallel. Laut der Grafik Nummer 24 gehen beispielsweise die Onliner häufiger in der Innenstadt einkaufen als die Nonliner. Das lässt sich gut mit den Ergebnissen aus der Abbildung 25 in Verbindung bringen. Daraus wird ersichtlich, dass den Onlinern die innerstädtische Atmosphäre beim

Einkaufen sehr wichtig ist. Daher glaube ich auch nicht, dass das Online – Shopping den städtischen Einzelhandel völlig verdrängen kann.

Zusammenfassend würde ich zu dem Kapitel Internetnutzung in den Städten und auf dem Land sagen, dass das Internet auch hier wieder eher die regionalen Disparitäten fördert. Die vorherrschenden Ungleichheiten zwischen Zentrum und Peripherie oder zwischen Agglomeration und ländlichen Raum bleiben bestehen, bzw. werden durch die Internetnutzung noch weiter verfestigt. Dennoch kann man sagen, dass die Unterschiede, zwischen Stadt und Land, in Deutschland vergleichsweise gering sind und auch in den ländlichen Regionen schon eine recht gute Internetanbindung vorliegt. Durch die neuen Medien ergeben sich jedoch veränderte Kundenprofile, für den städtischen Einzelhandel. „Das Internet prägt einen neuen Kundentyp: vernetzt, äußerst informiert, souverän, serviceorientiert, kritischer und dem Anbieter gegenüber wenig loyal.“ (Tegeder, 2004, S. 121) Daher wird auch der stationäre Einzelhandel seine Verkaufsstrategien und Angebotsvielfalt darauf abstimmen müssen.

3.2.3 Internetnutzung im Beruf vs. Nutzung zu Hause/ Freizeit

Mit der wachsenden Bedeutung des Internets, steigt nicht nur die Nutzungsrate der privaten Haushalte, auch die Firmen und die Unternehmen machen von diesem neuen Medium gebrauch.

Betrachtet man jedoch auch die Nutzerstruktur, so stellt man fest, dass sich klare Unterschiede erkennen lassen. Auch bei der Internetnutzung am Arbeitsplatz kann man wieder sehr gut die Tendenzen der vier Indikatoren, aus dem Gliederungspunkt 3.2.1, unterscheiden. Dabei sind die Nutzer zu 73% Männer, mit 53% im Alter zwischen 20 und 39 Jahren und haben zu 62% ein hohes Bildungsniveau. (http://www.quality-channel.de)

Die Internetnutzung zu Hause hängt von mehreren Fakten ab. Diese Indikatoren, wie beispielsweise das Alter, die Bildung, das Einkommen oder das Geschlecht, wurden im Verlauf dieser Arbeit schon mehrfach angesprochen. Generell kann man daher festhalten, dass besonders junge Menschen und Personen mit einem hohen Einkommen oder einem höheren Bildungsabschluss eine sehr hohe Nutzerrate aufweisen.

Nimmt man nun den hohen Bildungsabschluss und die guten Kenntnisse im Bereich PC und Internet – durch die intensive Nutzung zu Hause – hinzu, so kann man feststellen, dass die Internetnutzung auch hier die sozialen Unterschiede nicht aufheben kann, sondern weiter fördert. Dadurch werden vor allen Dingen strukturschwache Regionen ausgegrenzt. Somit kommt es weiter zu einer Förderung der Disparitäten zwischen einzelnen Regionen.

3.3 Breitbandmarkt in Deutschland

3.3.1 Breitbandinternet allgemein

Um das Wachstum der Nutzerraten weiter zu steigern und auch tragen zu können, wird versucht ein leistungsstarkes und sicheres Netz aufzubauen. Dabei sollen die Übertragungsraten möglichst hoch sein, um dem Anbieter, sowie dem Abnehmer, neue Nutzungsmöglichkeiten zu eröffnen. Durch die herkömmlichen Telefon- oder ISDN-Leitungen ist jedoch nur ein vergleichsweise geringer Datentransfer möglich gewesen. Daher hat man das sogenannte Breitbandinternet entwickelt. Mittels dieser Technologie ist es möglich, deutlich höhere Übertragungsraten zu erreichen. Eine bestimmte Definition für diese Art des Internetzugangs gibt es jedoch nicht. „Einigkeit besteht aber darüber, dass Breitband über die Leistungen von ISDN bei Kanalbündelung hinausgehen muss, also eine Datenübertragungsrate von mehr als 128 kbit/s im Downstream aufweisen muss." (Bayerisches Staatsministerium für Wirtschaft, Infrastruktur, Verkehr und Technologie, 2005, S. 2)

Dabei gibt es verschiedene Möglichkeiten sich dieser Technik zu bedienen. Die wohl bekanntesten Internetnutzungsmöglichkeiten sind dabei DSL und WLAN. Die Digital Subscriber Line (DSL) ist dabei die am weitesten verbreitete Technologie, mit 97 %. DSL ist jedoch nicht in allen Gebieten mit derselben Intensität nutzbar. Für einen DSL – Anschluss wird lediglich eine Telefon – Kupferleitung benötigt. In den meisten Fällen, wird mit den Varianten ADSL oder SDSL gearbeitet. Beim erstgenannten, steht das A für Asymmetrisch. Das bedeutet, dass der Datenfluss für den Nutzer beim Download größer ist als der des Anbieters beim Upload. Beim Symmetrischen SDSL hingegen ist dieser Datenstrom in beide Richtungen mit der gleichen Geschwindigkeit zu erreichen. Besser für den Verbraucher ist jedoch das ADSL, daher ist das auch das Standardangebot in Deutschland. Eine ganz andere Möglichkeit der Internetnutzung stellt das WLAN dar. Mit einer Reichweite von ca. 300 m ist die Abdeckung großer Flächen nur sehr schwierig möglich. Daher wird diese Technik nur in der Versorgung einzelner Gebäude oder ähnlichen eingesetzt. Dabei gelangt man über Funk, kabellos ins Internet. Eine Glasfaserverbindung hingegen ist sehr teuer und stellt somit auch zumeist keine Alternative für den Privatgebrauch dar. Für Firmen und größere Unternehmen lohnt sich jedoch eine Anschaffung in diesem Bereich, da die Übertragungsgeschwindigkeiten, auch bei großen Datensätzen, sehr hoch sind. Weitere mögliche Verbindungsarten sind über rückkanalfähige Fernsehkabel, per Satellit, über UMTS oder WiMAX zu erreichen. (vgl. Bayerisches Staatsministerium für Wirtschaft, Infrastruktur, Verkehr und Technologie, 2005, S. 3-5)

Bei all diesen neuen Technologien wird deutlich, dass besonders die strukturschwächeren Regionen benachteiligt sind, denn gerade hier liegt die geringste Infrastruktur vor. Besonders deutlich wird hier wieder das Gefälle zwischen Ost und West. Die Abbildung 26 zeigt hierzu die Verteilung der Nutzer in Deutschland. Dabei wird die überdurchschnittliche Nutzerrate in den alten Bundesländern deutlich. Damit würde, meiner Meinung nach, auch das Breitbandinternet eher als ein Förderer von regionalen Disparitäten auftreten.

3.3.2 Bedeutung, Entwicklung von Breitbandanschlüssen

„Im Jahre 2000 gab es in Deutschland 0,2 Mio. Anschlüsse; 2006 fast 15 Mio. Zugänge. Bis 2015 soll sich diese Anzahl weiter verdoppeln." (Wirtz, 2008, S. 17) Mit diesem Zitat wird schon sehr deutlich, was das Breitbandinternet für ein rasantes Wachstum erlebt hat und noch erleben wird. Das voraussichtliche Wachstum ist 29,3 Millionen Internetnutzern für das Jahr 2015 beziffert. Das geht aus der Abbildung 28 hervor. Dadurch nimmt auch die Bedeutung der verschiedenen Breitbandtechniken zu. Zum einen wächst durch die Weiterentwicklung der Internettechnologien der Konkurrenzkampf, andererseits wird dadurch auch die Breitbandtechnik interessanter für kleinere Abnehmer oder Privatpersonen, „... denn immer mehr Anwendungen – etwa wie Internet – TV oder Video-on-Demand – verlangen nach größeren Bandbreiten." (Wirtz, 2008, S. 17) Durch diese verbesserten Bandbreiten steigt nicht nur die Übertragungsgeschwindigkeit. Des Weiteren werden auch die Qualität und die Möglichkeiten der Nutzung verbessert. Die Veränderungen hinsichtlich der Bandbreiten sind in der Abbildung 27 dargestellt. Dabei zeigt sich, dass der prozentuale Anteil der Übertragungsraten, mit mehr als 6 Mbits/s, einen deutlichen Zuwachs erhält. Dadurch geht die relative Anzahl, der Verbindungen mit weniger als 6 Mbits/s, von 85,4% (2005) auf 35,9 (2010) zurück.

Mit der Erweiterung des Breitbandnetzes steigt nicht nur die wirtschaftliche Bedeutung, sondern auch die gesellschaftliche. Mit den komplexen und vielfältigen Möglichkeiten, die sich durch den technischen Fortschritt ergeben, wächst auch der Komfort der Internetnutzung. Dadurch entstehen nicht nur dem Anbieter weitere Nutzungsvorteile, auch für den Anwender gestallten sich Internetanwendungen, wie beispielsweise E-Commerce, E-learning oder aber Musik – Downloads schneller und bequemer durch eine höhere Übertragungsrate.

3.3.3 Breitbandinternet der Zukunft

Wie im vorhergehenden Punkt schon beschrieben, befindet sich das Breitbandinternet gerade erst am Anfang der Entwicklung. In Zukunft werden deutlich mehr Menschen durch Breitbandanschlüsse in das Internet gehen. Damit die Wirtschaft von diesem technischen Fortschritt profitieren kann, versuchen die Regierungen verschiedener europäischer Länder regulierend die Verbreitung von Breitbandanschlüssen Einfluss zu nehmen. „Die Bundesregierung strebt unter Einbeziehung der Funktechnologien bis 2008 eine Flächendeckung von Breitbandzugängen von 98 % der Haushalte in Deutschland an." (Erber, 2004, S. 332) Mit dem fortschreitenden Ausbau der Breitbandtechnologie wird in Zukunft endgültig der Weg zur Informationsgesellschaft geebnet. Das Internet wird dadurch weiter in die Lebensbereiche der Menschen vordringen. Wie die Abbildung 28 zeigt, stehen dabei vor allen Dingen der Beruf und Freizeitaktivitäten im Fokus der Nutzer.

4. Abschlussbetrachtung

Wie in der Zwischenreflexion schon deutlich geworden ist, gibt es besonders zwischen den Industrie- und den Entwicklungsländern große regionale Unterschiede. Ausgehend vom Entwicklungsstand der Staaten lassen sich die Disparitäten auf viele Bereiche übertragen. Dabei zeigt der Vergleich einer Wirtschaftskarte mit einer Weltkarte, die Bildung und Ernährung darstellt, dass sich kaum Unterschiede zeigen. Die Länder mit einer schlechten Wirtschaftsstruktur haben auch gleichzeitig ein geringeres Bildungsniveau und dadurch auch eine höhere Zahl an unterernährten Menschen. Dieses Bild geben auch die Karten mit den Telekommunikationsanschlussraten wieder. Auch die Festnetz- und Internetanschlüsse gehen mit dieser These einher. Dadurch kommt es zum sogenannten „Digital Divide". Daher würde ich sagen: Das Internet trägt eindeutig zur Förderung regionaler Disparitäten bei. Aus einem anderen Blickwinkel betrachtet, lässt sich jedoch festhalten, dass durch das Internet auch für die weniger entwickelten Länder wieder neue Wege der Kommunikation geschaffen werden. Vergleicht man beispielsweise die Mobilfunkanschlussraten mit denen des Festnetzes, dann stellt man fest, dass in einigen Entwicklungsländern die Rate der Handynutzer höher ist, als die der Festnetznutzer. Dadurch wird es, meiner Meinung nach interessant zu beobachten, wie sich das mobile Internet entwickelt. Ich glaube, dass die kabellosen Medien besondere Chancen für die Entwicklungsländer bereithalten. Das kann allerdings nur unter entwicklungsfördernden Maßnahmen geschehen. Dies ist jedoch nicht nur Aufgabe der Regierung, sondern auch die Wirtschaft ist in diesem Bereich gefordert, da das zentrale Thema weiterhin die Finanzierung der neuen IuK- Technologien bleibt. (vgl. Rauh, 2006, S. 10) Daher bleibt es abzuwarten, wie die weitere Entwicklung der neuen Medien verläuft. Dennoch denke ich, dass die Ungleichheiten weiter Bestand haben werden und es auch in Zukunft nicht zum „Death of Distance" kommt.

Gegenüber der globalen Maßstabsebene lassen sich innerhalb Deutschlands nicht so große Disparitäten erkennen. Dennoch kann man auch hier anhand des Sozialgefüges deutliche Unterschiede bei den Nutzerzahlen erkennen. Besonders die Indikatoren Alter, Bildung und Geschlecht zeigen stark abweichende Nutzerraten. Dabei werden sich die unterschiedlichen Nutzerzahlen beim Alter, meiner Meinung nach, in den nächsten

Jahren weiter annähren. Das lässt sich aus der Entwicklung der absoluten Nutzerzahlen der vergangenen Jahre ableiten. Aus diesem Grund würde ich auch vermuten, dass sich die Differenzen zwischen den Geschlechtern auch allmählich auflösen werden. Die verschiedenen Bildungsabschlüsse werden, meines Erachtens, jedoch auch weiter verschiedene Nutzerraten aufweisen. Das sehe ich in den unterschiedlichen Nutzungsvoraussetzungen begründet. Aber die räumliche Komponente spielt eine Rolle. Hier ist ein deutliches Gefälle zwischen Ost und West zu erkennen. Langhagen-Rohrbach sagt dazu: „...der Cyberspace reproduziert vorhandene regionale Strukturen, schafft aber keine neuen räumlichen Verteilungsmuster.“ (2002, S. 47) Um dieses Problem jedoch zu beheben, bedarf es einer intensiven Zusammenarbeit von Bund, Ländern und Telekommunikationsbranche.

Literaturverzeichnis

Baier, K. & Bayazit, C. (2006): Globalisierung des Mobilfunks. – Geographische Rundschau 58 Heft 7/8: 28-35.

Bayerisches Staatsministerium für Wirtschaft, Infrastruktur, Verkehr und Technologie (2005), Breitband – DSL und mehr – Ein Überblick über die breitbandigen Infrastrukturen. – München.

Dietz, J. (2001): „Digitale Kluft" – Barrieren, Chancen und Risiken der Internet-Nutzung in Entwicklungsländern. – Geographische Rundschau 53 Heft 7-8: 51-55.

Eimeren, B. v. & Frees, B. (2007): Internetnutzung zwischen Pragmatismus und YouTube-Euphorie. – Media Perspektiven Heft 8: 362-378.

Erber, G. (2007): Flächendeckende Bereitstellung von Breitbandanschlüssen. – Wochenbericht 74 Heft 37: 549-554.

Floeting, H. (2004): Internet und Stadt – Geht die Kommune verloren? – In: Budke, A., Kanwischer; D. & A. Pott (Hg.): Internetgeographien – Beobachtungen zum Verhältnis von Internet, Raum und Gesellschaft. – 57-78. Loxten / Osnabrück / Frankfurt am Main.

Gebauer, I. & Luley, T. (2006): IuK-Technologien im ländlichen Raum Deutschlands und Europas. – Geographische Rundschau 58 Heft 7/8: 12-19.

Graeff, P. (2004): Medien und Korruption: die korruptionsenkende Wirkung der Mediennutzung und der "neuen Medien". – Vierteljahrshefte zur Wirtschaftsforschung Korruption aus ökonomischer Sicht 73 Heft 2: 212-225.

Gross, F. v., Marotzki, W. & U. Sander (2008): Internet – Bildung – Gemeinschaft. – Wiesbaden.

Haisken-DeNew, J. P., Pischner, R. & G. G. Wagner (2001): Private Internet-Nutzung: Bildung und Einkommen auch bei Jugendlichen von großer Bedeutung. – Wochenbericht 68, Heft 40: 619-623.

Haisken-DeNew, J. P., Pischner, R. & G.G. Wagner (2000): Computer- und Internetnutzung hängen stark von Einkommen und Bildung ab: geschlechtsspezifische Nutzungsunterschiede in der Freizeit besonders ausgeprägt. – Wochenbericht 67 Heft 41: 670-675.

Hammer, V. (2002): Computer in der Familie : Umgang und Auswirkungen. – Staatsinst. für Familienforschung a.d. Univ. Bamberg.

Heidmann, J. & Pradkin, Y. (2007): Internet-Zählung. Spiegel-Online.(10. Oktober).

Kahle, I. & Timm, U. (2006): Internetnutzung und Aneignung von E-Skills. – Statistisches Bundesamt – Wirtschaft und Statistik Heft 7: 722-733.

Köllinger, P. (2003): Internetnutzung in Deutschland: nach Boom nun langsamerer Anstieg erwartet. – Wochenbericht 70 Heft 30: 477-483.

Krennerich, M. (2000): Internet und gesellschaftliche Partizipation in Lateinamerika. – Nord-Süd aktuell 14 Heft 3: 453-464.

Langhagen- Rohrbach, C. (2004): Internet und Internet-User – Wer nutzt das Internet wo? – In: Budke, A., Kanwischer; D. & A. Pott (Hg.): Internetgeographien – Beobachtungen zum Verhältnis von Internet, Raum und Gesellschaft. – 57-78. Loxten / Osnabrück / Frankfurt am Main.

Langhagen- Rohrbach, C. (2002): Das Internet in Deutschland. – Raumforschung und Raumplanung 60 Heft 1: 37-47.

Michael, T. (2008): Dierke Weltatlas. – Braunschweig.

Rauh, J. (2006): United or Divided. – Geographische Rundschau 58 Heft 7/8: 4-11.

Schmiedel, M. (2000): Das Internet in der VR China – Ein Netz, zwei Systeme. – Nord-Süd aktuell 14 Heft 3: 501-512.

Sternberg, R. (2004): Zur räumlichen Verteilung von Domainnamen in Deutschland – empirische Befunde und Erklärungen. – Petermanns Geographische Mitteilungen 148 Heft 4: 78-85.

Tegeder, G. (2004): Konsumenten im Netz der Möglichkeiten. – Zeitschrift für Wirtschaftsgeographie 48 Heft 2: 111-123.

Wagner, G. G., Pischner, R. & J. P. Haisken-DeNew (2001): Quantifying the "Digital Divide" in Germany: Internet Use Does not Discourage Other Cultural or Social Activities. – Berlin. (Deutsches Institut für Wirtschaftsforschung, Research Note No. 4)

Wirtz, B. W. (2008). Deutschland online – Unser Leben im Netz. Bonn.

Internetquellen:

Fluck N., TNS Infratest (2005): Presseinformation – 55 Prozent Internet-Nutzung in Deutschland. – <http://www.initiatived21.de/fileadmin/files/NOA_Umzug/Presseinformationen/2005/2005_06_22_D21-TNS_Infratest_NOA05_zefinal.pdf> (Stand: 22. Juni 2005) (letzter Zugriff: 11.04.2008)

Microsoft Tech Net (2005): TCP/IP-Grundlagen für Microsoft Windows Kapitel 8 – Domain Name System – Übersicht. – <http://www.microsoft.com/germany/technet/datenbank/articles/600911.mspx#E4B> (Stand: 31. Mai 2005) (letzter Zugriff: 08.04.2008)

Oken – Gymnasium Offenburg (2006): 7 Das Domain Name System. – <http://www.gk-informatik.de/netze/dns.html> (Stand: 16.05.2006) (letzter Zugriff: 16.04.2008)

Spiegel Online (2007): Basisdaten zur Internetnutzung in Deutschland „internet facts 2005“ - eine Studie der AGOF - internet facts 2007-IV. – <http://www.quality-channel.de/public/documents/Studien/AGOF_2007_IV/1unispiegel_AGOF-07_4.pdf> (Stand: 2007) (letzter Zugriff: 15.04.2008)

Ottens, M. (2004): Internet – Nutzung von Privatpersonen und Unternehmen. – <http://www.eds-destatis.de/de/ downloads/sif/np_04_16.pdf> (Stand 2004) (Zugriff: 13.04.2008)

Welt Online (2008):Internetnutzung bleibt hoch - 41,3 Millionen Menschen online. – <http://newsticker.welt.de/index.php?channel=ver&module=dpa&id=17315996> (Stand: 2008) (letzter Zugriff: 07.04.2008)

Anhang

Abbildung 1: Telekommunikationsinfrastruktur Deutschlands

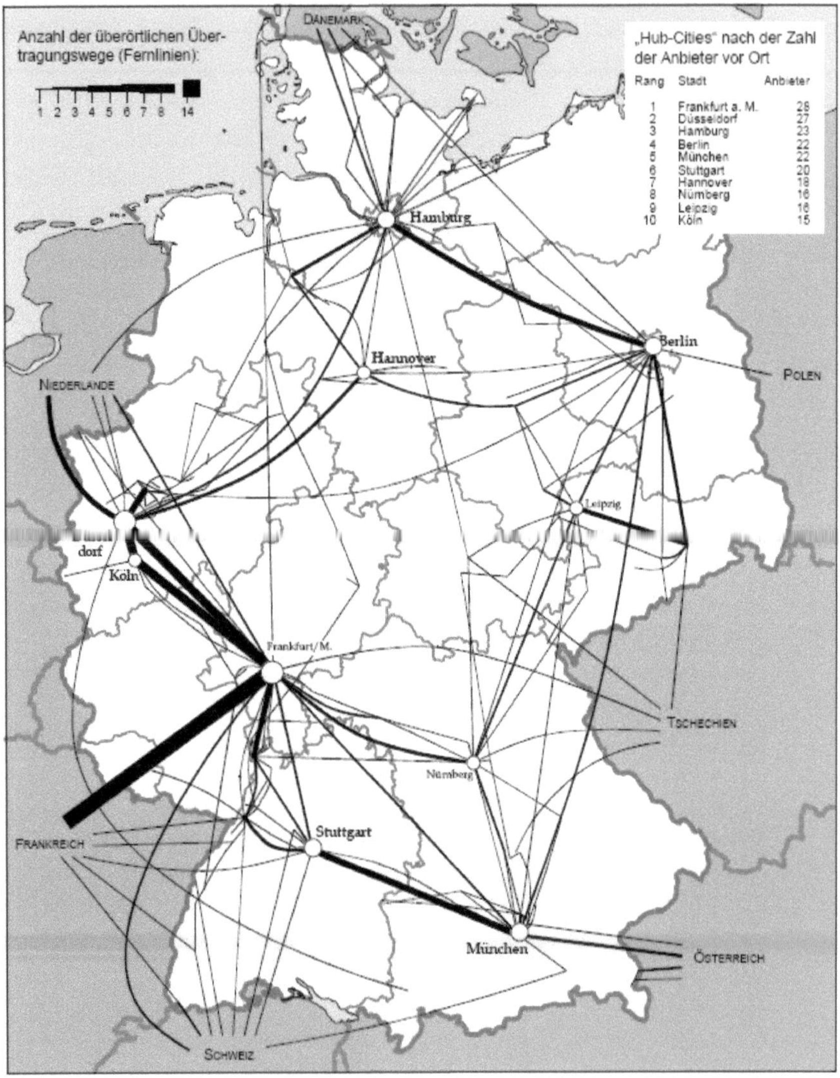

Quelle: Langhagen- Rohrbach, 2004, S. 60

Abbildung 2: Domain Name System

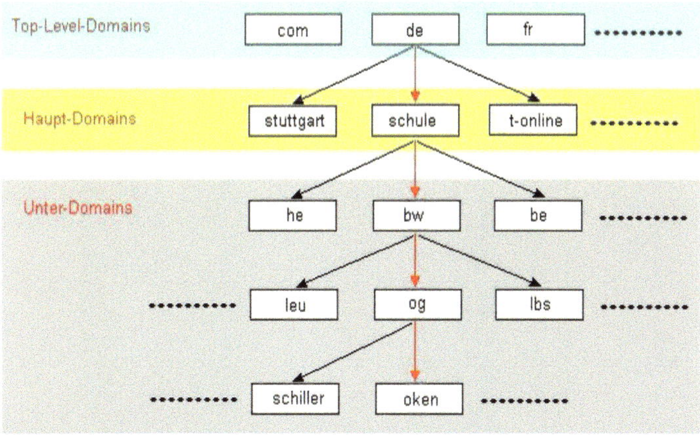

Quelle: http://www.gk-informatik.de/grafik/domnam.png

Abbildung 3: Internetnutzung

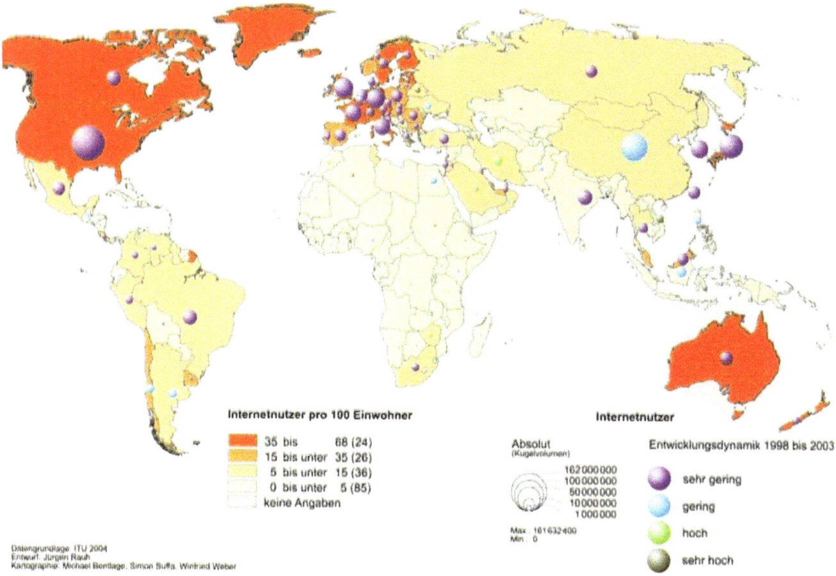

Quelle: Rauh, 2006, S. 8

Abbildung 4: Telefonanschlüsse

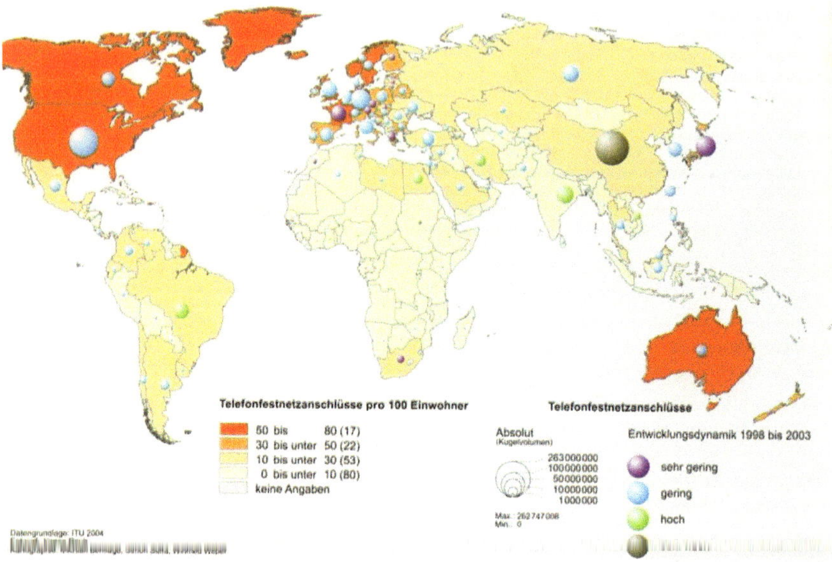

Quelle: Rauh, 2006, S. 6

Abbildung 5: Mobiltelefonanschlüsse

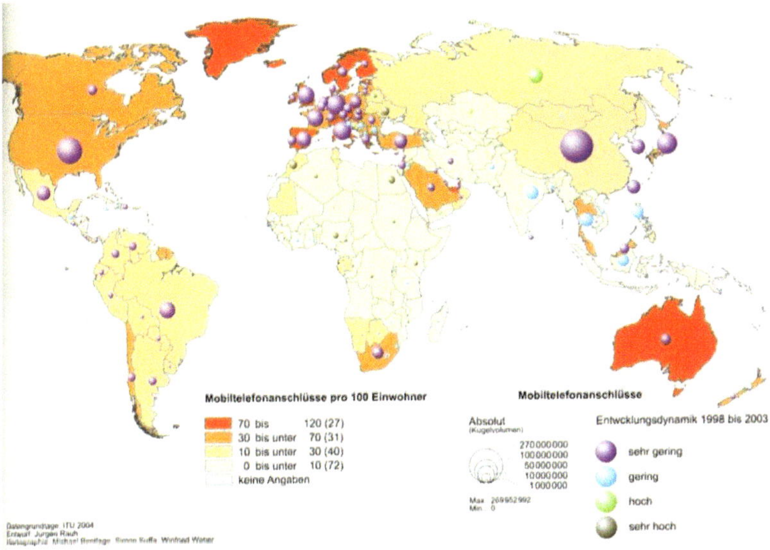

Quelle: Rauh, 2006, S. 7

Abbildung 6: Entwicklungsstand

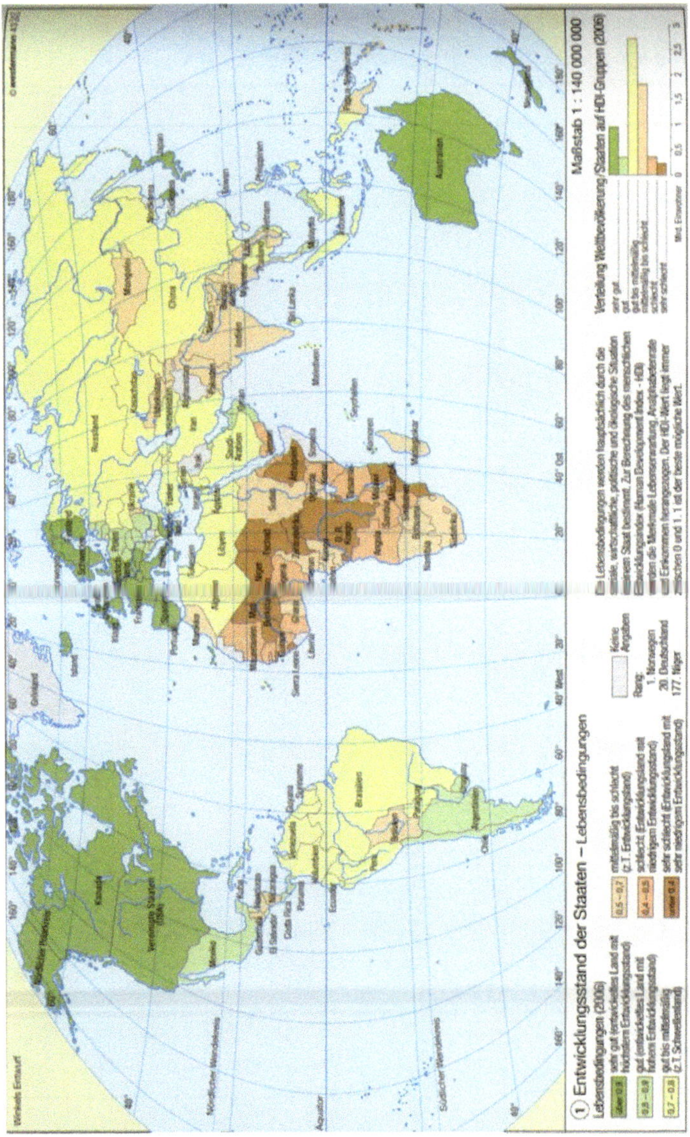

Quelle: Diercke Weltatlas, 2008, S. 250

Abbildung 7: Bruttonationaleinkommen

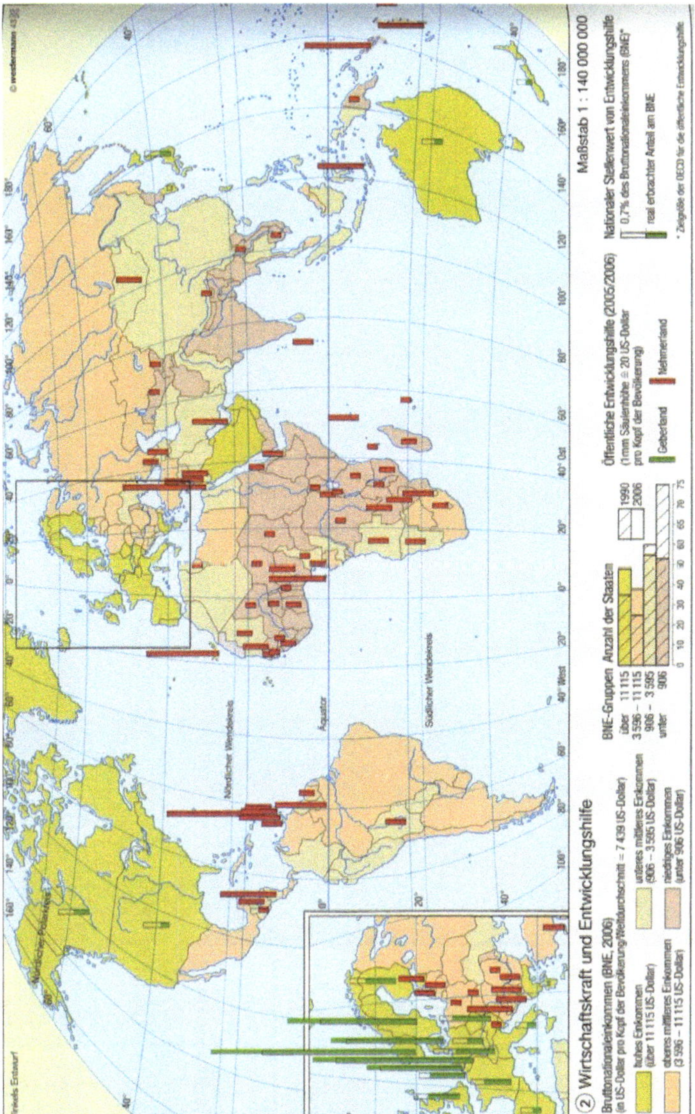

Quelle: Diercke Weltatlas, 2008, S. 250

Abbildung 8: Analphabetenrate

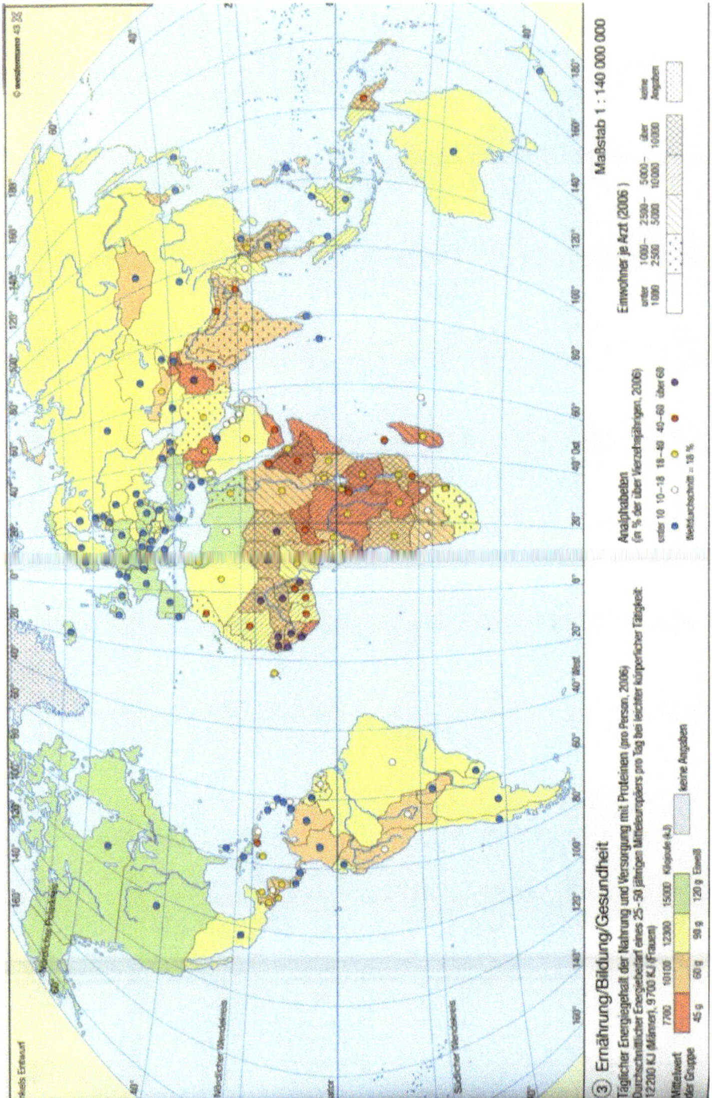

Quelle: Diercke Weltatlas, 2008, S. 251

Abbildung 9: Indikatoren des Telekommunikationsangebots und der -nutzung nach Einkommen

	Länder mit sehr sehr niedrigem Einkommensniveau[1]	Länder mit niedrigem Einkommensniveau[2]	Länder mit höherem Einkommensniveau[3]	Länder mit sehr hohem Einkommensniveau[4]
Festnetzanschlüsse je 100 Einw.	2,83	16,48	20,05	58,54
Mobiltelefonan-schlüsse je 100 Einw.	1,75	15,88	30,94	66,39
Wartezeit auf Festnetzanschluss in Jahren	5,10	4,10	0,60	0,10
ISDN-Kanäle in % der Festnetzanschlüsse	0,18	0,29	3,34	15,65
DSL in % der Festnetzanschlüsse	0,10	0,76	0,76	6,57
Telekommunikations-Investment / Einw. (in US$)	3,30	18,0	38,5	125,9
Internetnutzer je 100 Einw.	1,33	4,86	14,13	44,53
Internetdomains je 100 Einw.	0,01	0,15	1,01	15,64

[1] Bruttonationaleinkommen pro Kopf (Gross National Income, GNI) 735 US$ und niedriger; [2] GNI: 736 bis 2 935 US$; [3] GNI: 2 936 bis 9 075 US$; [4] GNI: 9 076 US$ und höher

Quelle: ITU 2004

Quelle: Rauh, 2006, S. 5

Abbildung 10: Effektive Nutzung von IuK-Technologien

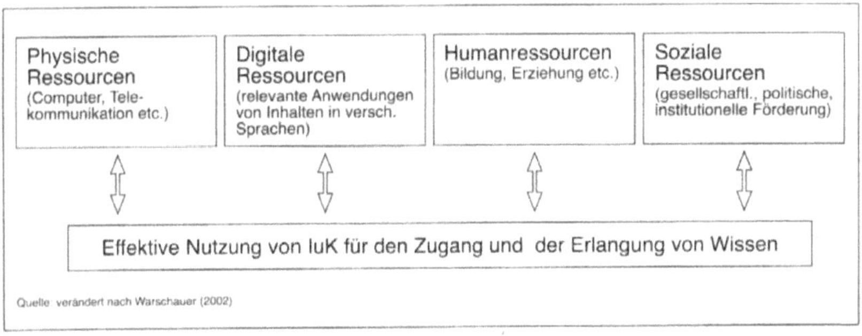

Quelle: Rauh, 2006, S. 5

Abbildung 11: Domainverteilung in Deutschland

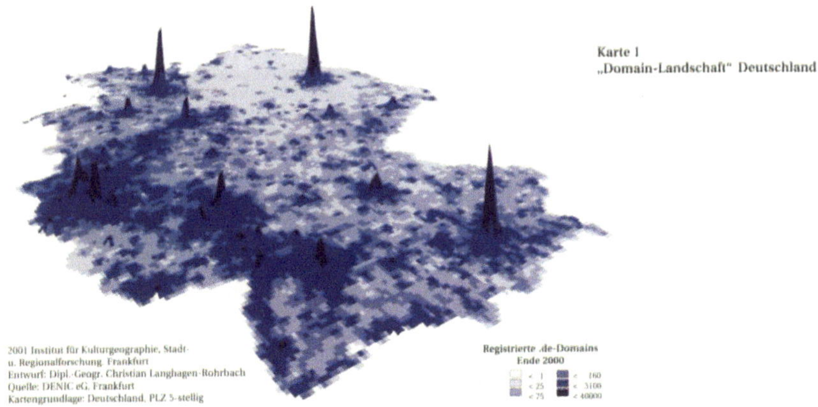

Quelle: Langhagen- Rohrbach, 2002, S.40

Abbildung 12: Entwicklung der Onlinenutzung in Deutschland

① **Entwicklung der Onlinenutzung in Deutschland 1997 bis 2007**
Personen ab 14 Jahre

	1997	1998	1999	2000	2001	2002	2003	2004	2005	2006	2007
gelegentliche Onlinenutzung											
in %	6,5	10,4	17,7	28,6	38,8	44,1	53,5	55,3	57,9	59,5	62,7
in Mio	4,1	6,6	11,2	18,3	24,8	28,3	34,4	35,7	37,5	38,6	40,8
Zuwachs gegenüber dem Vorjahr in %	-	61	68	64	36	14	22	4	5	3	6
Onlinenutzung innerhalb der letzten vier Wochen[1])											
in %							51,5	52,6	56,7	57,6	60,7
in Mio							33,1	33,9	36,7	37,4	39,5
Zuwachs gegenüber dem Vorjahr in %							17	2	8	2	6

1) Erst ab 2003 erhoben.

Basis: Onlinenutzer ab 14 Jahre in Deutschland (2007: n=1142, 2006: n=1 084, 2005: n=1 075, 2004: n=1 002, 2003: n=1 046, 2002: n=1 011, 2001: n=1 001, 2000: n=1 005, 1999: n=1 002, 1998: n=1 006, 1997: n=1 003).

Quellen: ARD-Online-Studie 1997, ARD/ZDF-Online-Studien 1998-2007.

Quelle: Eimeren & Frees, 2007, S. 363

Abbildung 13: Absolute Anzahl der .de-Domainnamen in den Raumordnungsregionen Deutschlands

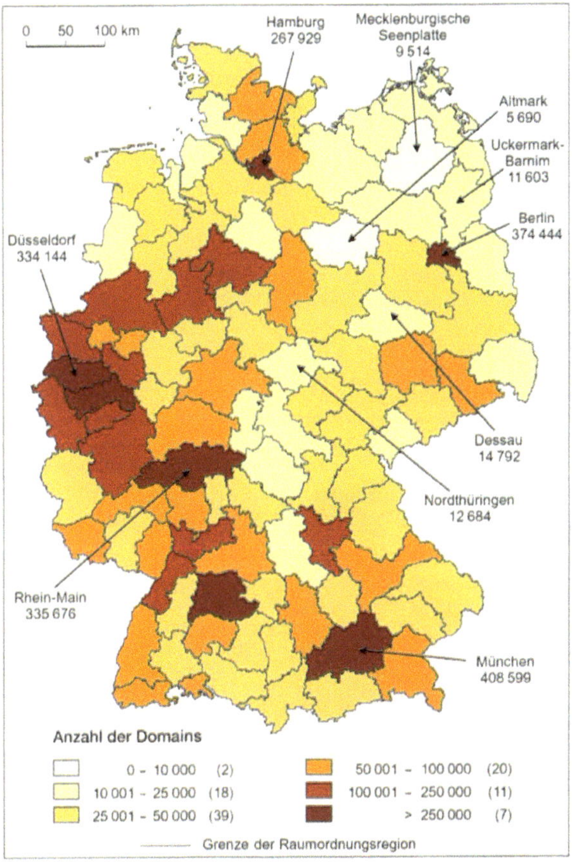

Quelle: Sternberg, 2004, S. 79

Abbildung 14: Relative Anzahl der .de-Domainnamen in den Raumordnungsregionen Deutschlands

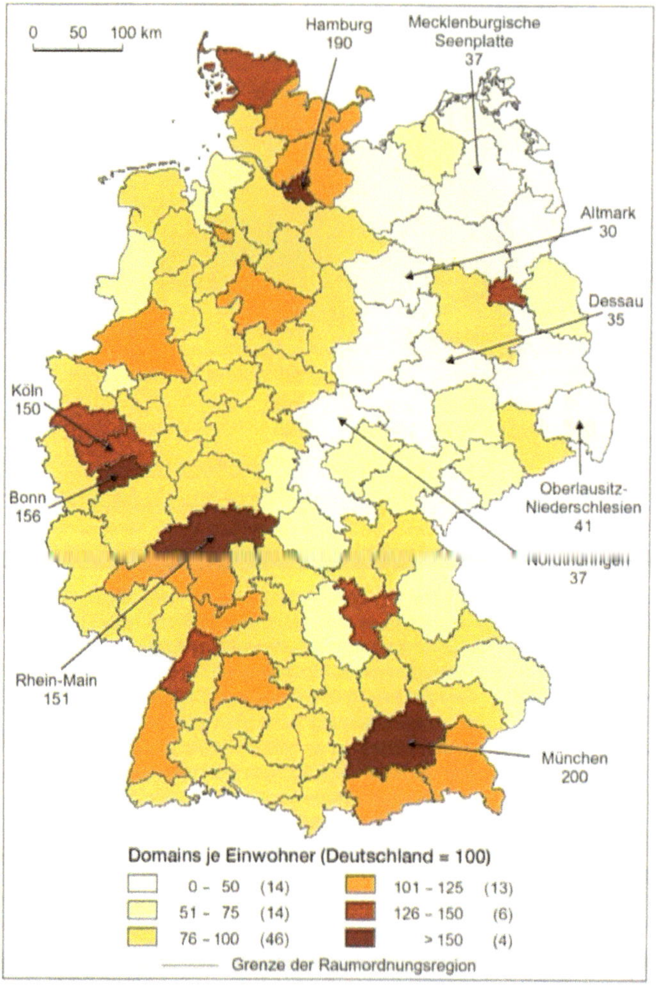

Quelle: Sternberg, 2004, S. 80

Abbildung 15: Regionalstruktur der Internetnutzer

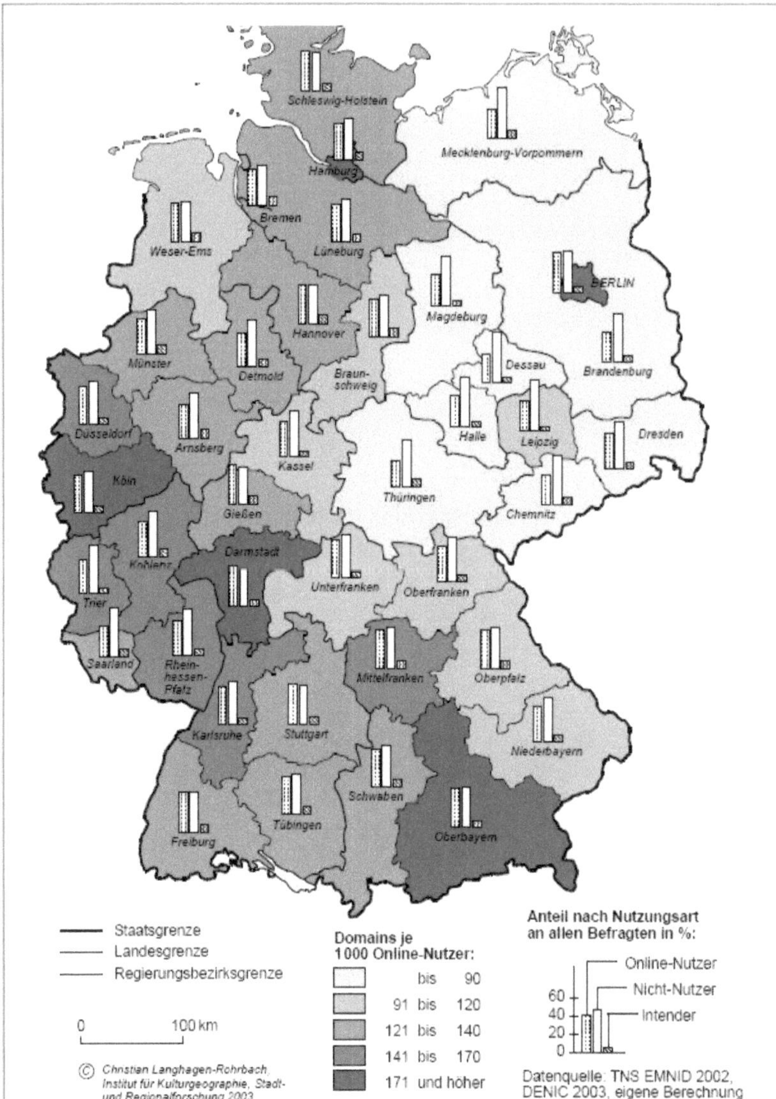

Quelle: Langhagen- Rohrbach, 2004, S. 70

Abbildung 16: Entwicklung der Onlinenutzung (relative Zahlen)

Internetnutzer in Deutschland 1997 bis 2007

Anteil in %

	1997 1)	1998 1)	1999 1)	2000 1)	2001 1)	2002 1)	2003 1)	2003 2)	2004 1)	2004 2)	2005 1)	2005 2)	2006 1)	2006 2)	2007 1)	2007 2)
Gesamt	6,5	10,4	17,7	28,6	38,8	44,1	53,5	51,5	55,3	52,6	57,9	56,7	59,5	57,6	62,7	60,7
männlich	10,0	15,7	23,9	36,6	48,3	53,0	62,6	61,6	64,2	60,4	67,5	66,2	67,3	65,8	68,9	67,1
weiblich	3,3	5,6	11,7	21,3	30,1	36,0	45,2	42,3	47,3	45,4	49,1	48,0	52,4	49,9	56,9	54,8
14–19 Jahre	6,3	15,6	30,0	48,5	67,4	76,9	92,1	87,0	94,7	90,1	95,7	90,1	97,3	96,1	95,8	93,0
20–29 Jahre	13,0	20,7	33,0	54,6	65,5	80,3	81,9	75,5	82,8	79,8	85,3	85,3	87,3	86,0	94,3	94,3
30–39 Jahre	12,4	18,9	24,5	41,1	50,3	65,6	73,1	70,2	75,9	72,5	79,9	78,8	80,6	77,0	81,9	79,6
40–49 Jahre	7,7	11,1	19,6	32,2	49,3	47,8	67,4	67,1	69,9	66,6	71,0	70,3	72,0	70,3	73,8	72,2
50–59 Jahre	3,0	4,4	15,1	22,1	32,2	35,4	48,8	47,6	52,7	50,7	56,5	54,1	60,0	57,6	64,2	61,5
60 Jahre und älter	0,2	0,8	1,9	4,4	8,1	7,8	13,3	13,0	14,5	12,8	18,4	18,0	20,3	18,7	25,1	22,7
in Ausbildung	15,1	24,7	37,9	58,5	79,4	81,1	91,6	89,0	94,5	91,2	97,4	95,8	98,6	95,5	97,6	95,6
berufstätig	9,1	13,8	23,1	38,4	48,4	59,3	69,6	67,7	73,4	70,1	77,1	76,0	74,0	72,1	78,6	77,3
Rentner/nicht berufstätig	0,5	1,7	4,2	6,8	14,5	14,8	21,3	19,4	22,9	20,9	26,3	25,0	28,3	26,6	32,0	29,1

1) Gelegentliche Onlinenutzung.

2) Onlinenutzung innerhalb der letzten vier Wochen.

Basis: Onlinenutzer ab 14 Jahre in Deutschland (2007: n=1142, 2006: n=1084, 2005: n=1075, 2004: n=1002, 2003: n=1046, 2002: n=1011, 2001: n=1001, 2000: n=1005, 1999: n=1002, 1998: n=1006, 1997: n=1003).

Quellen: ARD-Online-Studie 1997, ARD/ZDF-Online-Studien 1998–2007.

Quelle: Eimeren & Frees, 2007, S. 364

Abbildung 17: Entwicklung der Onlinenutzung (absolute Zahlen)

[illegible]

Hochrechnung in Mio

	1997 1)	1998 1)	1999 1)	2000 1)	2001 1)	2002 1)	2003 1)	2003 2)	2004 1)	2004 2)	2005 1)	2005 2)	2006 1)	2006 2)	2007 1)	2007 2)
Gesamt	4,1	6,6	11,1	18,3	24,8	28,3	34,4	33,1	35,7	33,9	37,5	36,7	38,6	37,4	40,8	39,5
männlich	3,0	4,8	7,2	11,1	14,7	16,2	19,2	19,0	19,8	18,6	20,9	20,5	21,0	20,5	21,5	20,9
weiblich	1,1	1,9	3,9	7,1	10,1	12,1	15,1	14,2	15,9	15,3	16,5	16,2	17,7	16,8	19,3	18,5
14–19 Jahre	0,3	0,7	1,4	2,4	3,3	3,8	5,0	4,7	4,7	4,5	4,8	4,5	5,0	4,9	4,9	4,8
20–29 Jahre	1,3	1,9	2,9	4,6	5,5	6,5	6,2	5,7	6,4	6,2	6,5	6,5	6,8	6,7	7,5	7,5
30–39 Jahre	1,4	2,2	2,9	5,0	6,1	7,9	8,5	8,1	8,9	8,5	9,1	9,0	8,9	8,5	8,5	8,3
40–49 Jahre	0,7	1,1	2,0	3,3	5,2	5,2	7,6	7,6	7,8	7,5	8,1	8,0	8,4	8,2	8,7	8,5
50–59 Jahre	0,3	0,5	1,6	2,2	3,2	3,5	4,7	4,6	5,5	4,8	5,3	5,1	5,6	5,4	6,1	5,8
60 Jahre und älter	0,0	0,1	0,3	0,8	1,5	1,4	2,5	2,5	2,8	2,5	3,7	3,6	4,1	3,8	5,1	4,6
in Ausbildung	1,0	1,6	2,4	3,8	5,2	5,5	7,4	7,2	6,6	6,4	5,5	5,4	7,5	7,2	7,1	7,0
berufstätig	3,0	4,6	7,7	12,8	16,1	18,9	21,6	21,1	23,0	22,0	24,9	24,6	24,2	23,6	25,6	25,2
Rentner/nicht berufstätig	0,1	0,4	1,0	1,6	3,5	3,7	5,3	4,9	5,9	5,4	7,0	6,7	7,0	6,6	8,1	7,3

1) Gelegentliche Onlinenutzung.

2) Onlinenutzung innerhalb der letzten vier Wochen.

Basis: Basis: Onlinenutzer ab 14 Jahre in Deutschland (2007: n=1142, 2006: n=1084, 2005: n=1075, 2004: n=1002, 2, 2003: n=1046, 2002: n=1011, 2001: n=1001, 2000: n=1005, 1999: n=1002, 1998: n=1006, 1997: n=1003).

Quellen: ARD-Online-Studie 1997, ARD/ZDF-Online-Studien 1998–2007.

Quelle: Eimeren & Frees, 2007, S. 364

Abbildung 18: Internetnutzer in Deutschland nach Geschlecht

in %

	Gesamt	14-29 Jahre	30-49 Jahre	ab 50 Jahre
weiblich	56,9	63,6	77,2	28,7
männlich	68,9	96,2	78,0	48,1

Basis: Onlinenutzer ab 14 Jahre in Deutschland (2007: n=1 142).
Teilgruppen: 14- bis 29-Jährige (n=365), 30- bis 49-Jährige (n=623), ab 50-Jährige (n=834).

Quelle: ARD/ZDF-Online-Studie 2007.

Quelle: Eimeren & Frees, 2007, S. 365

Abbildung 19: Hardwareausstattung der privaten PCs 2007

in %

	Gesamt	14-19 Jahre	ab 60 Jahre
DVD-Laufwerk	84	90	75
CD-Brenner	77	85	63
DVD-Brenner	63	69	54
PC-Kopfhörer/Headset	32	56	27
W-Lan/Wireless Lan	43	45	27
USB-Teil für TV-Empfang	35	50	32
Webcam	21	34	15
Breitbandanschluss über DSL	59	63	50
Breitbandanschluss über Kabel	1	1	5

Basis: Onlinenutzer ab 14 Jahre in Deutschland (2007: n=1 142).
Teilgruppen: Befragte, die zuhause einen Computer nutzen (2007: n=1 085).

Quelle: ARD/ZDF-Online-Studie 2007.

Quelle: Eimeren & Frees, 2007, S. 365

Abbildung 20: Motive zur Nutzung des Internets

Angaben in %

	Gesamt	14–19 Jahre	20–29 Jahre
weil ich mich dann nicht allein fühle	7	18	11
weil ich damit den Alltag vergessen möchte	7	17	10
weil ich dabei entspannen kann	24	42	29
damit ich mitreden kann	31	35	32
weil es aus Gewohnheit dazugehört	34	60	53
weil es mir hilft, mich im Alltag zurechtzufinden	36	48	43
weil ich Denkanstöße bekomme	49	39	56
weil es mir Spaß macht	72	90	81
weil ich mich informieren möchte	91	88	97

Basis: Onlinenutzer ab 14 Jahre in Deutschland 2007 (n=1142).

Quelle: ARD/ZDF-Online-Studie 2007.

Quelle: Eimeren & Frees, 2007, S. 367

Abbildung 21: Onlineanwendungen

mindestens einmal wöchentlich genutzt, in %

	Gesamt	14–19 Jahre	20–29 Jahre	30–49 Jahre	ab 50 Jahre	ab 60 Jahre
Versenden/Empfangen von E-Mails	79	79	88	79	72	67
Suchmaschinen	76	87	84	78	62	61
zielgerichtet bestimmte Angebote suchen	57	47	69	61	47	43
einfach so im Internet surfen	38	70	48	32	26	23
Homebanking	34	11	41	39	31	30
Download von Dateien	23	35	32	22	14	13
Gesprächsforen, Newsgroups, Chats	20	68	35	10	4	1
Onlineauktionen	18	9	25	23	10	9
Onlineshopping	13	8	21	13	9	6
Audiodateien im Internet anhören/herunterladen	14	39	28	8	3	2
Computerspiele im Internet	11	37	12	7	6	8
live im Internet Radio hören	11	16	15	12	4	4
Buch-/CD-Bestellungen	6	3	8	6	6	5
Videos/Videodateien ansehen/herunterladen	14	46	24	6	4	2
Kartenservice für Veranstaltungen	3	7	6	2	2	2
Kontakt-/Partnerbörsen	5	16	11	2	1	1
Onlinespiele	10	31	13	4	2	2
live im Internet fernsehen	2	6	3	2	1	1
Onlinecommunitys	9	33	14	4	2	1

Basis: Onlinenutzer ab 14 Jahre in Deutschland (n=1142).

Quelle: ARD/ZDF-Online-Studie 2007.

Quelle: Eimeren & Frees, 2007, S. 370

Abbildung 22: Internetnutzung nach Schulbildung

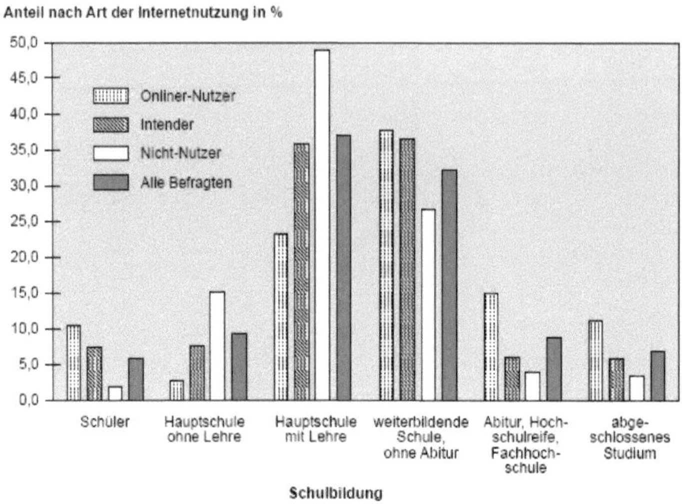

Quelle: Langhagen- Rohrbach, 2004, S.65

Abbildung 23:Internetanschluss im Haushalt nach Einwohnerdichte

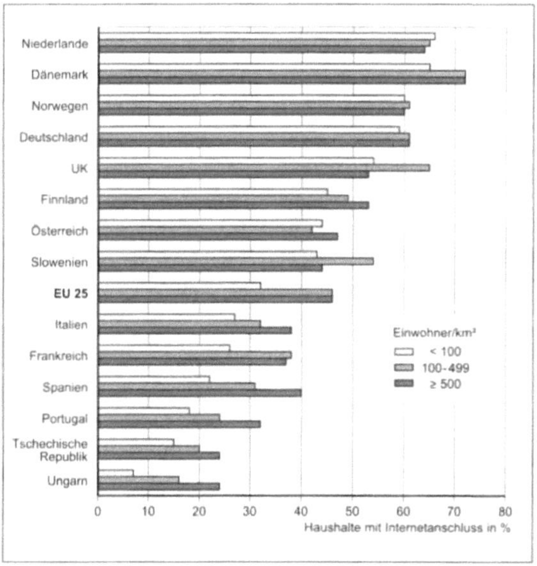

Quelle: Gebauer & Luley, 2006,

Abbildung 24: Häufigkeit von Einkäufen in der Innenstadt

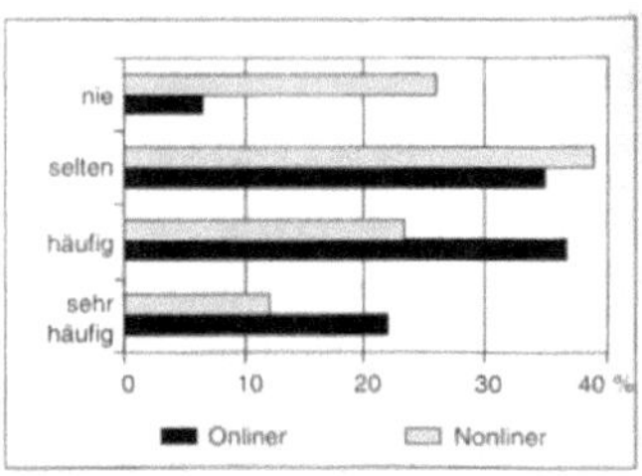

Quelle: Tegeder, 2004, S.116

Abbildung 25: Grund für den Einkaufsbesuch in der Innenstadt: „Die Atmosphäre ist mir wichtig."

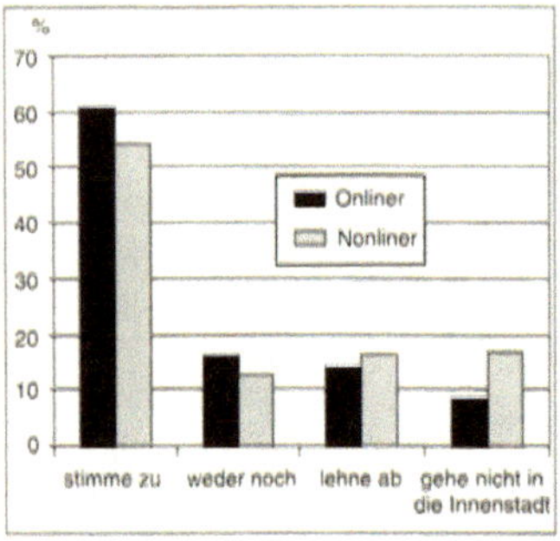

Quelle: Tegeder, 2004, S.118

Abbildung 26: Voraussichtliche Entwicklung der Breitbandanschlüsse

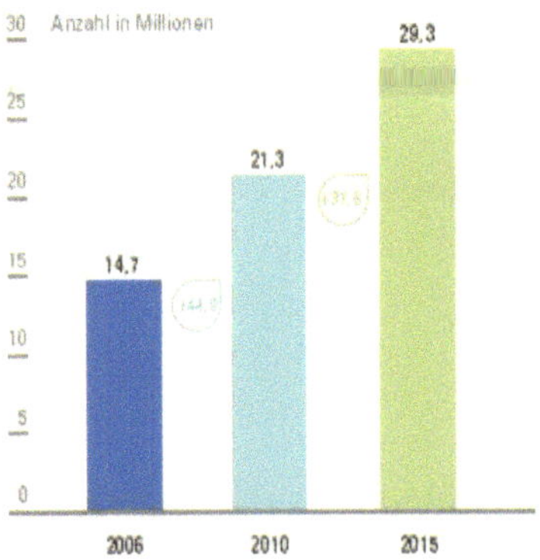

Quelle: Wirtz, 2008, S. 17

Abbildung 27: Entwicklung der Breitband-Bandbreiten bis zum Jahr 2015

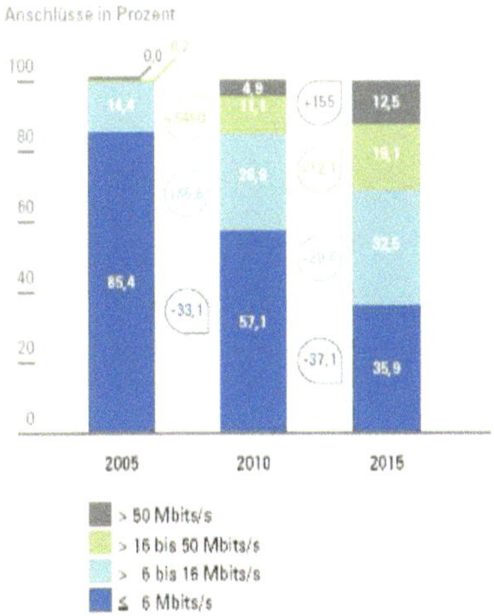

Quelle: Wirtz, 2008, S. 18

Abbildung 28: Bedeutung von Breitband-Internet-Anwendungen in Lebensbereichen der Breitband-Generation

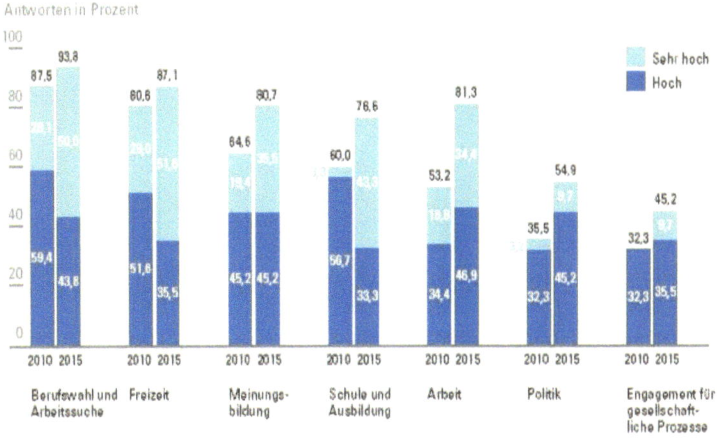

Quelle: Wirtz, 2008, S. 79